现代生产安全技术丛书 第三版

焊接安全技术

崔政斌　范拴红　编著

 第三版

化学工业出版社

·北京·

内 容 提 要

《焊接安全技术》（第三版）是"现代生产安全技术丛书"（第三版）中的一个分册。

全书注重理论联系实际，以实际为重点介绍焊接安全技术和焊工在焊接过程中的实践经验。全书从焊接基础知识、焊接的有害因素分析及防护、气焊和气割安全、焊接方法及安全、特殊焊接作业安全、焊接缺陷及质量检验、焊接安全管理等诸方面，全面系统地论述了安全生产及安全操作与安全管理的内容。

《焊接安全技术》（第三版）可供企业焊接工人、焊接安全管理人员阅读，还可供有关院校师生参考阅读。

图书在版编目（CIP）数据

焊接安全技术/崔政斌，范拴红编著．—3 版．—北京：化学工业出版社，2020.10（2024.7重印）
（现代生产安全技术丛书）
ISBN 978-7-122-37352-6

Ⅰ．①焊… Ⅱ．①崔…②范… Ⅲ．①焊接-安全技术
Ⅳ．①TG408

中国版本图书馆 CIP 数据核字（2020）第 120498 号

责任编辑：高 震 杜进祥 文字编辑：林 丹 段曰超
责任校对：宋 夏 装帧设计：韩 飞

出版发行：化学工业出版社
　　　　　（北京市东城区青年湖南街 13 号　邮政编码 100011）
印　　装：北京盛通数码印刷有限公司
850mm×1168mm　1/32　印张 8¼　字数 220 千字
2024 年 7 月北京第 3 版第 2 次印刷

购书咨询：010-64518888　　售后服务：010-64518899
网　　址：http://www.cip.com.cn
凡购买本书，如有缺损质量问题，本社销售中心负责调换。

定　　价：38.00 元　　　　　　　　　版权所有　违者必究

党的十九大报告中指出，要树立安全发展理念，弘扬生命至上、安全第一的思想，健全公共安全体系，完善安全生产责任制，坚决遏制重特大安全事故的发生，提升防灾减灾救灾能力。安全是人与生俱来的追求，是人民群众安居乐业的前提，是维持社会稳定和经济发展的保障。企业要健全安全规章制度，完善安全监督检查规章；树立安全意识，杜绝违章作业，杜绝违章指挥；鼓励员工查隐患并及时进行整改，增强安全生产的责任感，及时消除事故隐患，才能最终实现安全生产无事故。

当前，我国正在全面建成小康社会，加快推进现代化建设的步伐，经济社会出现了一系列新的特征。从人均收入、消费结构、产业结构、工业化水平、城镇化水平等总体判断，我国处于由工业化中后期迈向工业化后期、由中等收入国家迈向中上等收入国家的阶段。在成功实现"低成本优势—中低端制造业—投资＋生产"推动的增长浪潮之后，我国面临能否成功迈进由"创新优势—高端制造＋服务业—创新＋消费"推动增长浪潮的重大机遇期，处在经济发展方式转变和经济结构调整的关键时期。

新技术、新产业的发展，将会改变各国的比较优势和国家之间的竞争关系，并对全球产业分工及贸易格局产生影响。我国面临发达国家转移部分资金密集、技术含量高的制造业的新机遇。与此同时，安全生产显得尤为重要。加强安全生产、防止职业危害是国家的一项基本政策，是发展社会主义经济的重要条件，是企业管理的一项基本原则，具有重要的意义。安全生产是企业发展的重要保障，这是企业在生产经营中贯彻的一个重要理念。企业是社会大家庭中的一个细胞，只有抓好自身安全生产、保一方平安，才能促进社会大环境的稳定，进而也为企业创造良好的发展环境。

企业发展生产的目的是满足广大人民群众日益增长的物质文化生活的需要。在生产中不重视安全生产，不注意劳动者的安全健康，发生事故造成伤亡或职业病，以一些人的生命或损害一些人的身体健康作代价去换取产品，就失去了搞生产的目的和意义。所以，搞好安全生产与维护国家利益和人民利益是完全一致的。

2004 年、2009 年作者编写了"现代生产安全技术丛书"第一版、第二版，丛书出版后得到了广大读者特别是企业安全管理者和安全生产者的厚爱。但是随着新技术、新材料、新装备、新方法的不断涌现，企业的安全生产技术也得到长足的发展。为此，在全面提升安全技术和安全管理的大形势下，我们认为很有必要将丛书进一步修改完善，以适应飞速发展的新形势和新要求。

崔政斌
2019 年 8 月

　　焊接技术自发明至今已有百余年的历史，工业生产中的一切重要产品，如航空、航天及核能工业中产品的生产制造都离不开焊接技术。现代社会中几乎所有金属加工的产品，从几十万吨巨轮到微电子元件，在生产中都不同程度依赖焊接技术。焊接已经渗透到制造业的各个领域。焊接质量直接影响到产品的可靠性和寿命，以及生产的成本、效率。与世界工业发达国家一样，我国焊接加工的钢材总量比其他加工方法多，每年需要焊接加工之后使用的钢材就占钢总产量的 40% 左右，应用于机械制造、造船、海洋开发、汽车制造、机车车辆、石油化工、航空、航天、原子能、电力、电子技术、建筑及家用电器等领域。

　　美国和德国这些发达国家都曾组织过一些焊接专家共同讨论 21 世纪焊接的作用和发展方向。

　　(1) 焊接是制造业的重要加工技术，目前还没有其他方法能够比焊接更为广泛地应用于金属的连接，并对所焊的产品增加更大的附加值。

　　(2) 焊接技术（含连接、切割、涂敷）现在以及将来，都是可能成功地将各种材料加工成可投入市场的产品的加工方法。

　　(3) 焊接不应再是一种"应召工艺"，它将逐步集成到产品的全寿命过程，从设计、开发、制造到维修、再循环的各个阶段。

　　(4) 焊接将被认为是改善产品全寿命的成本、质量和可靠性的至关重要手段，而且对提高产品的市场竞争力有重要贡献。

　　本书在 2009 年出版第二版以来，受到了广大读者的青睐。随着焊接技术的发展，有必要再编写《焊接安全技术》（第三版），以满足图书市场和广大企业焊接工作者的需求。本书继承了第二版的风格，以实际操作为主线，尽量满足一线焊接工人的需求，因为焊接质量受到人们的普遍关注，尤其是保证承压类产品的质量。焊接质量的优劣，取决于焊工操作技能的高低、工艺水平应用如何和是否有良好的职业道德。而提高焊工素质的唯一途径，就是按国家的统一标准进行较全面的培训，尽快掌握焊接的技能。

焊接生产中为保证安全生产，焊工需要具备系统的安全技术知识，避免进行违章和违规操作。同时，由于焊接是机械制造特别是锅炉、压力容器等制造过程中主要的工艺方法，很多焊接产品质量问题都可以追溯到焊缝的质量上，所以往往要求焊工有一定的专业理论知识和操作技能，同时还必须持有国家甚至是国际上相应法规要求的特种作业操作证，才能从事相应的焊接工作。

本书共分六章，分别为：概述、气焊和气割安全、焊接方法及安全、特殊焊接作业安全、焊接缺陷及质量检验、焊接安全管理。全书既有理论阐述，又有实践总结，以实践为主要内容。力求为企业焊接操作人员和管理人员提供一本操作性强、实用的著作。

本书在编写过程中得到周礼庆、张美元的支持，得到石跃武、崔佳、杜冬梅、张堃、崔敏、陈鹏、戴国冕等同志的资料支持和文字录入帮助，在此也深表谢意。本丛书在写作过程中参考了大量新标准、新规范，也参考了部分文献资料，在编写过程中得到化学工业出版社有关领导和编辑的指导和帮助，在此也表示诚挚的谢意。

由于作者水平有限，书中难免有疏漏，敬请读者指正。

编著者

2020 年 9 月于山西朔州

· 目 录 ·

第三章　焊接方法及安全

第四章　特殊焊接作业安全

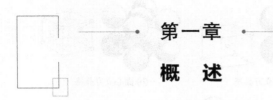

第一章

概　述

第一节　焊接基础知识

一、金属晶体结构基础知识

1. 晶体结构

（1）晶体和非晶体　一般的固态金属及合金都是晶体。在晶体中，原子按一定规律排列得很整齐。而玻璃、松香等属于非晶体。在非晶体中，原子则是散乱分布的，至多有些局部的短程规则排列。

（2）典型的金属晶体结构　金属的原子按一定方式有规则地排列成一定空间几何形状的结晶格子，称为晶格。常见的晶格有体心立方晶格、面心立方晶格和密排六方晶格，见图 1-1。

① 体心立方晶格的晶胞是一个立方体，原子位于立方体的八个顶角上和立方体的中心，如图 1-1(a) 所示。属于这种晶格类型的金属有铬(Cr)、钒(V)、钨(W)、钼(Mo)及 α-铁(α-Fe)等。

② 面心立方晶格的晶胞也是一个立方体，原子位于立方体的八个顶角上和立方体的六个面的中心，如图 1-1(b) 所示。属于这种晶格类型的金属有铝(Al)、铜(Cu)、铅(Pb)、镍(Ni)及 γ-铁(γ-Fe)等。

③ 密排六方晶格的晶胞是一个正六方柱体，原子排列在柱体的每个顶角上和上、下底边的中心，另外三个原子排列在柱体内，

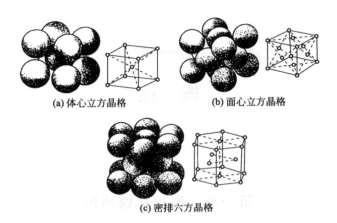

(a) 体心立方晶格   (b) 面心立方晶格

(c) 密排六方晶格

图 1-1　典型的金属晶体结构

如图 1-1(c)所示。属于这种晶格类型的金属有镁（Mg）、铍（Be）、镉（Cd）及锌（Zn）等。

（3）金属的结晶及晶粒度对力学性能的影响　部分金属由液态转变为固态的凝固过程称为结晶。这一过程是原子由不规则排列的液体逐步过渡到按规则排列的晶体结构的过程。金属的结晶过程由晶核产生和长大这两个基本过程组成。在金属的结晶过程中，每个晶核起初都自由地生长，并保持比较规则的外形。但当其长大到互相接触时，在接触处的生长就被迫停止，只能向尚未凝固的液体部分伸展，直到液体全部凝固。这样，每一颗晶核就形成一颗外形不规则的晶体。这类外形不规则的晶体通常称为晶粒。晶粒的大小对金属的力学性能影响很大，晶粒越细，金属的力学性能越好。相反，若晶粒粗大，力学性能就差。晶粒大小通常分为八级，一级最粗，八级最细。晶粒的大小与过冷度有关，过冷度越大，结晶后获得的晶粒就越细。过冷度是指理论结晶温度和实际结晶温度之差。

（4）同素异构转变　金属在固态下随温度的变化，由一种晶格转变为另一种晶格的现象，称为金属的同素异构转变。具有同素异构转变的金属有铁（Fe）、钴（Co）、钛（Ti）、锡（Sn）、锰（Mn）等。以不同的晶格形式存在的同一金属元素的晶格称为该金属的同素异构晶体。以铁为例，来分析同素异构的转变。图 1-2 为纯铁的冷却曲线。由图 1-2 可见，液态纯铁在 1538℃进行结晶，得到具有体心立方晶格的 δ-Fe，继而冷却到 1394℃发生同素异构转变，δ-Fe 转变为面心立方晶格的 γ-Fe，再冷却到 912℃又发生同素异构转变，γ-Fe 转变为体心立方晶格的 α-Fe。直到室温，晶格的类型不再发生变化。

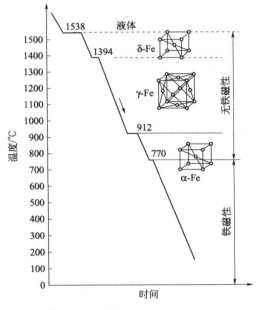

图 1-2　纯铁的冷却曲线

$$\text{δ-Fe(体心立方晶格)} \xrightleftharpoons{1394℃}$$

$$\text{γ-Fe(面心立方晶格)} \xrightleftharpoons{912℃} \text{α-Fe(体心立方晶格)}$$

金属的同素异构转变是一个重要结晶过程，应遵循结晶的一般规律，即有一定的转变温度，转变时需要冷却，有潜热产生，同素异构转变过程也是由晶核形成和晶核长大来完成的。但同素异构转变属于固态转变，又有本身的特点，例如转变需要较大的过冷度，晶粒的变化伴随着体积的变化，转变时会产生较大的内应力。

纯铁同素异构转变的这种特性非常重要，是钢材通过各种热处理方法来改变其组织，从而改善性能的内在因素之一，也是焊接热影响区中具有不同组织和性能的原因之一。

2. 金属的组织、结构及铁碳合金的基本组织

（1）合金的组织结构形式　合金是指两种或两种以上的金属元素或金属元素与非金属元素熔合在一起所得到的具有金属特性的物质。例如，工业上广泛应用的碳素钢和铸铁就是铁和碳组成的合金。

根据合金各元素之间相互作用的不同，合金中的相结构大致可分为固溶体和金属化合物两大类。合金的组织主要有固溶体、金属化合物及机械混合物三类。

① 固溶体。固溶体是溶质原子溶入溶剂晶格中所形成的均匀的固体合金。基本组元称为溶剂，溶入基体的组元称为溶质。

根据溶质原子在溶剂晶格中所处的位置不同，固溶体分为以下两类。

a. 间隙固溶体。间隙固溶体的特点是溶质原子分布在溶剂晶格的间隙处，如图 1-3（a）所示。只有溶质原子尺寸很小，溶剂的晶格间隙较大的条件下，才能形成间隙固溶体，如碳、氮、硼等非金属元素溶入铁中形成的固溶体即属于这种类型。间隙固溶体所溶解的溶质数量是有限的。

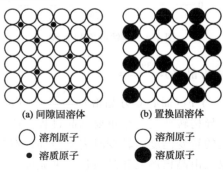

(a) 间隙固溶体　　　　(b) 置换固溶体

○ 溶剂原子　　　　○ 溶剂原子
● 溶质原子　　　　● 溶质原子

图 1-3　固溶体结构示意图

b. 置换固溶体。两种原子直径大小相近，则在形成固溶体时，溶剂晶格上的部分原子被溶质原子所置换［图 1-3（b）］，这类固溶体称为置换固溶体。

无论是间隙固溶体还是置换固溶体，都因溶质原子的加入而使溶剂晶格发生歪扭，从而使合金对塑性变形的抗力增加。这种通过溶入溶质元素形成固溶体，使金属材料强度、硬度增高的现象，称为固溶强化。固溶强化是提高金属材料力学性能的一种重要途径。

固溶强化在提高金属强度的同时可能使其塑性、韧性下降。实践证明，只要溶质的浓度适当，则在强化的同时仍能保持其良好的塑性和韧性，实际使用的金属材料绝大多数是固溶体或以固溶体作为基体的合金。

② 金属化合物。合金的组元按一定原子数量相互化合成的完全不同于原组元晶格的新相，且具有金属特性的固体合金称为金属化合物。

金属化合物最突出的特点是它具有完全不同于原组元的晶体结构。例如 Fe 是面心立方晶格或体心立方晶格，C 一般情况下是六方晶格，而 Fe 与 C 组成的化合物——FeC，具有复杂晶体结构。

金属化合物一般具有很高的硬度、很大的脆性，当合金中出现金属化合物时，通常能提高合金的强度、硬度和耐磨性。

③ 机械混合物。当合金的组元不能完全溶解或完全化合时，则形成由两相或多相组织，这种组织称为机械混合物。

机械混合物中各个相仍保持各自的晶格和性能，因而机械混合物的性能取决于各组成相（相即合金中成分、结构及性能相同的均匀组成部分）的相对数量、形状、大小和分布情况。

工业上绝大多数合金属于机械混合物组织，如钢、生铁、铝合金、青铜、轴承合金等。由机械混合物构成的合金往往比单一固溶体具有更高的强度和硬度。

（2）铁碳合金的基本组织　钢铁材料是工业中应用最广泛的合金，其主要是由铁和碳组成的合金（合金钢还含有少量其他元素），由于铁和碳的组织结构不同，铁碳合金的基本组织有以下几种。

a. 铁素体。铁素体是少量的碳和其他合金元素溶于 α-Fe 中的固溶体，以 F 表示。α-Fe 为体心立方晶格，碳原子以间隙状态存在，合金元素以置换状态存在。铁素体的强度和硬度低，但塑性和韧性很好。

b. 渗碳体。渗碳体是铁和碳的化合物，分子式是 Fe_3C。其性能与铁素体相反，硬而脆，随着钢中含碳量的增加而韧性、塑性下降。

c. 珠光体。其形态为铁素体薄层和渗碳体薄层交替叠压的层状复相物，也称片状珠光体，用符号 P 表示，含碳量为 0.77%（质量分数）。在珠光体中铁素体占 88%，渗碳体占 12%，由于铁素体的数量远多于渗碳体，所以铁素体层片要比渗碳体厚得多。在球化退火条件下，珠光体中的渗碳体也可呈粒状，这样的珠光体称为粒状珠光体。

经 2%～4%硝酸酒精溶液浸蚀后，在不同放大倍数的显微镜下可以观察到不同特征的珠光体组织。当放大倍数较高时可以清晰地看到珠光体中平行排列分布的宽条铁素体和窄条渗碳体；当放大倍数较低时，只能看到珠光体中的渗碳体为一条黑线；而当放大倍数继续降低或珠光体变细时，珠光体的层片状结构就不能分辨了，此时珠光体呈黑色的一团。

d. 奥氏体。奥氏体一般由等轴状的多边形晶粒组成，晶粒内有孪晶，以 A 表示。在加热转变刚刚结束时奥氏体晶粒比较细小，晶粒边界呈不规则的弧形。经过一段时间加热或保温，晶粒将长大，晶粒边界可趋向平直化。铁碳相图中奥氏体是高温相，存在于临界点 A_1 温度以上，是珠光体逆共析转变而成。当钢中加入奥氏体相区的化学元素 Ni、Mn 等时，则可使奥氏体稳定在室温，如奥氏体钢。

奥氏体为面心立方结构，碳、氮等间隙原子均位于奥氏体晶胞八面体间隙中心，以及面心立方晶胞的中心和棱边的中点。假如每一个八面体的中心各容纳一个碳原子，则碳的最大溶解度应为 50%（摩尔分数），相当于质量分数约 20%。实际上碳在奥氏体中的最大溶解度为 2.11%（质量分数）。这是由于 γ-Fe 八面体间隙的半径仅为 0.052nm，比碳原子的半径（0.086nm）小。碳原子溶入将使八面体发生较大的膨胀，产生畸变，溶入越多，畸变越大，晶格将越不稳定，因此不是所有的八面体间隙中心都能溶入一个碳原子，溶解度是有限的。碳原子溶入奥氏体中，使奥氏体晶格点阵发生均匀对等的膨胀，点阵常数随着碳含量的增加而增大。大多数合金元素，如 Mn、Cr、Ni、Co、Si 等，在 γ-Fe 中取代 Fe 原子的位置而形成置换固溶体。替换原子在奥氏体中的溶解度各不相同，有的可无限溶解，有的溶解度甚微。少数元素，如硼仅存在于浸提缺陷处，如晶界、位错等。

e. 马氏体。常见马氏体（M）组织有两种类型。中低碳钢淬火获得板条状马氏体，板条状马氏体是由许多束尺寸大致相同，近似平行排列的细板条组成的组织，各束板条之间角度比较大。高碳钢淬火获得针状马氏体，针状马氏体呈竹叶或凸透镜状，针叶一般限制在原奥氏体晶粒之内，针叶之间互成 60° 或 120° 角。

马氏体转变同样是在一定温度范围内（$M_s \sim M_z$）连续进行的，当温度达到 M_s 点以下，立即有部分奥氏体转变为马氏体。板条状马氏体有很高的强度和硬度，较好的韧性，能承受一定程度的冷加工；针状马氏体又硬又脆，无塑性变形能力。马氏体转变速度极快，转变时体积产生膨胀，在钢内部形成很大的内应力，所以淬火后的钢丝需要及时回火，防止应力开裂。

f. 莱氏体。在高温下形成的共晶渗碳体呈鱼骨状或网状分布在晶界处，经热加工破碎后，变成块状，沿轧制方向链状分布。莱氏体常温下是珠光体、渗碳体和共晶渗碳体的混合物。当温度高于 727℃时，莱氏体由奥氏体和渗碳体组成，用符号 Ld 表示。在低于 727℃时，莱氏体是由珠光体和渗碳体组成，用符号 Ld 表示，称为变态莱氏体。因莱氏体的基体是硬而脆的渗碳体，所以硬度高，塑性很差。

g. 魏氏组织。魏氏组织是指在焊接的过热区内，由于奥氏体晶粒长得非常粗大，这种粗大的奥氏体在较快的冷却速度下会形成一种特殊的过热组织，其组织特征为在一个粗大的奥氏体晶粒内会形成许多平行的铁素体（渗碳体）针片，在铁素体针片之间的剩余奥氏体最后转变为珠光体，这种过热组织称为铁素体（渗碳体）魏氏组织。

（3）铁碳合金相图的构造及应用　钢和铸铁都是铁碳合金，$w(C)=2.11\%$ 的铁碳合金称为钢，$w(C)=2.11\%\sim6.67\%$ 的铁碳合金称为铸铁。为了全面了解铁碳合金在不同温度下所处的状态及所具有的组织结构，可用铁碳（Fe-C）合金相图来表示这种关系，如图 1-4 所示。

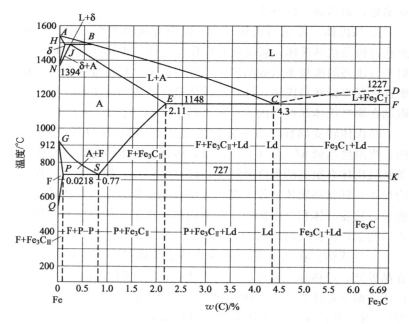

图 1-4　Fe-Fe₃C 合金相图

① 铁碳合金相图的构造。铁碳合金相图是表示在极缓慢加热（或冷却）条件下，不同成分的铁碳合金，在不同温度下所具有的状态或组织的图形。图 1-4 中纵坐标表示温度，横坐标表示铁碳合金中碳的含量。例如，在横坐标左端，$w(C)=0$，即为纯铁；在右

端 $w(C)=6.69\%$，全部为渗碳体（Fe_3C）。

a. Fe-Fe_3C 图中的组织。铁碳合金在不同含碳量和不同温度下形成的组织如图 1-4 所示。

b. Fe-Fe_3C 图中的特性线：

ACD 线为液相线，在 ACD 线上的合金为液相，用 L 表示。

$AHJEF$ 为固相线，在 $AHJEF$ 线下合金呈固相。在液相线和固相线之间为合金的结晶区域（凝固区），这个区域两相（液相和固相）共存。

GS 线为 $w(C)<0.8\%$ 的钢在缓慢冷却时有奥氏体开始析出铁素体的开始线，简称为 A_3 线。

ES 线表示 $w(C)>0.8\%$ 的钢在缓慢冷却时，有奥氏体开始析出渗碳体的温度，简称为 A_{cm} 线。

PSK 水平线，727℃，为共析转变线，表示铁碳合金在缓慢冷却时有奥氏体开始析出珠光体的温度，简称为 A_1 线。

ECF 水平线，1148℃，为共晶转变线，表示液体缓慢冷却至该温度时发生共晶反应，生成莱氏体组织。

c. Fe-Fe_3C 图中的特性点：

E 点是钢和铸铁的分界点，$w(C)=2.11\%$。E 点左边为钢，右边为铸铁。

S 点为共析点，$w(C)=0.8\%$。S 点的钢是共析钢，其组织全部为珠光体。S 点左边的钢是共析钢，其组织为珠光体＋铁素体。S 点右边的钢是过共析钢，其组织为珠光体＋渗碳体。

C 点为共晶点，$w(C)=4.3\%$。C 点的合金为共晶白口铸铁。C 点左边的铸铁为亚共晶白口铸铁，C 点右边的铸铁为过共晶白口铸铁。共晶白口铸铁组织为莱氏体，莱氏体组织在常温下是珠光体＋渗碳体的机械混合物，其性能硬而脆。

② 铁碳合金相图的应用　现以 $w(C)=0.2\%$ 的低碳钢为例，说明室温加热过程中钢的组织变化。低碳钢室温下的组织为珠光体＋铁素体，温度上升到 $PSK(A_1)$ 线上时，组织变为奥氏体＋铁素体，温度上升到 $GS(A_3)$ 线上时组织全部转变为奥氏体，温

度上升到固相线以上，奥氏体中一部分开始熔化，出现液体；温度继续上升到液相线以上，钢全部熔化，成为液体，如图 1-5 所示。低碳钢从高温冷却下来时，组织的变化正好相反。

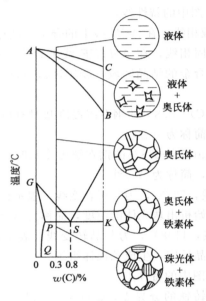

图 1-5　低碳钢由室温加热到高温时的组织变化示意图

　　铁碳合金相图非常重要，它是热处理的基础，也是分析焊缝及热影响区组织变化的基础。为了更好地认识铁碳合金相图及其与热处理的关系，将其简化为图 1-6。可以看到，图 1-6 中只有 $w(C)<2.11\%$ 的铁碳合金，即钢的固态部分的铁碳合金相图。

　　参照图 1-4 可知，相图中 *ES* 线简称 A_{cm} 线，*GS* 线简称 A_3 线，*PSK* 线简称为 A_1 线，这些线表达在平衡状态下不同含碳量时内部组织转变的临界温度，又称临界点。

　　由于铁碳合金相图中的曲线是在极为缓慢的条件下测得的，在实际过程中，如在冷却过程中总有过冷现象，实际相变温度比相图曲线的指示温度低。如与曲线 A_1、A_3、A_{cm} 对应用 A_{r_1}、A_{r_3} 和 $A_{r_{cm}}$ 表示，则 $A_1>A_{r_1}$，$A_3>A_{r_3}$，$A_{cm}>A_{r_{cm}}$。又如在加热情况

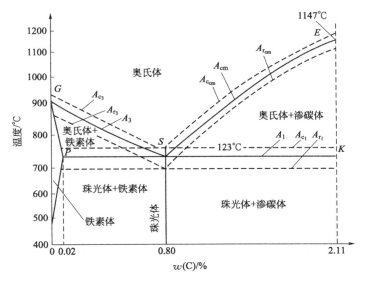

图 1-6 钢的铁碳合金相图简图

下，由于转变的滞后现象，如与曲线 A_1、A_3、A_{cm} 对应用 A_{c_1}、A_{c_3}、$A_{c_{cm}}$ 表示，则 $A_{c_1} > A_1$，$A_{c_3} > A_3$，$A_{c_{cm}} > A_{cm}$。加热和冷却时各临界点的实际位置即为图 1-6 中的虚线位置。

③ 钢的热处理基本知识。将金属加热到一定温度，并保持一定时间，然后以一定的冷却速度冷却到室温，这个过程称为热处理。常用的热处理工艺方法有淬火、回火、退火、正火四种。

a. 淬火。将钢加热到 A_{c_3} 或 A_{c_3} 以上某一温度，保持一定时间，然后以适当速度冷却，获得马氏体或下贝氏体组织的热处理工艺称为淬火。

淬火的目的是提高钢的硬度和耐磨性。在焊接高碳钢和某些低合金钢时，近缝区可能发生淬火现象而变硬，容易形成冷裂纹，这是在焊接过程中应注意防止的。

b. 回火。回火就是把经过淬硬后的钢件重新加热至低于 A_{c_1} 的某一温度，保温一定时间，然后冷却到室温的热处理工艺。因为淬火后钢材硬而脆，而且内应力很大，易引起裂纹，所以淬火一般不是最终热处理，钢淬火后还要进行回火才能使用。回火可以使钢在保持一定硬度的基础上提高钢的韧性。按回火温度的不同可分为：低温回火（150～250℃），中温回火（300～500℃），高温回火（550～650℃）。某些合金钢在淬火后再进行高温回火的连续处理工艺称为调质处理。焊接结构由于焊后热影响区会产生淬火组织，所以也常采用焊后高温回火处理，以改善组织，提高综合性能。

c. 正火。将钢加热到奥氏体化后在空气中冷却的热处理方法称为正火。正火可以细化晶粒，提高钢的综合力学性能，所以许多碳素钢和低合金钢常用正火作为最终热处理。对于焊接结构，经正火后，能改善焊接接头性能，消除粗晶组织及组织不均匀等。

d. 退火。将钢加热到适当温度，保持一定时间，然后缓慢冷却的热处理方法称为退火。常用的退火方法有完全退火、球化退火、去应力退火等。退火可以降低钢的硬度，提高塑性，使材料便于加工，并可细化晶粒，均匀钢的组织和成分，消除残余内应力等。

焊接结构焊接以后会产生焊接残余应力，容易产生裂纹，因此重要的焊接结构焊后应进行消除应力退火处理，以消除焊接残余应力，防止产生裂纹。消除应力退火属于低温退火，加热温度在A_{c_1}以下，一般为600～650℃，保温一段时间，然后在空气中或炉中缓慢冷却。

二、焊接基础知识

1. 焊接电弧

焊接电弧是一种强烈持久的气体放电现象。在这种气体放电过程中产生大量的热能和强烈的光辉。通常，气体是不导电的，但是在一定的电场和温度条件下，可以使气体离解而导电。焊接电弧就是在一定的电场作用下，将电弧空间的气体介质电离，使中性分子或原子离解为带正电荷的正离子和带负电荷的电子（或负离子），这两种带电质点分别向着电场的两极方向运动，使局部气体空间导电而形成电弧。

焊接电弧的引燃一般采用两种方法：接触引弧和非接触引弧。手工电弧焊是采用接触引弧的。引弧时，焊条与工件瞬时接触造成短路。由于接触面的凹凸不平，只是在某些点上接触，因而使接触点上电流密度相当大。此外，由于金属表面有氧化皮等污物，电阻也相当大，所以接触处产生相当大的电阻热，使这里的金属迅速加热熔化，并开始蒸发。当焊条轻轻提起时，焊条端头与工件之间的空间内充满了金属蒸气和空气，其中某些原子可能已被电离。与此同时，焊条刚拉开一瞬间，由于接触处的温度较高，距离较近，阴极将发射电子。电子以高速度向阳极方向运动，与电弧空间的气体介质发生撞击。撞击使气体介质进一步电离，同时使电弧温度进一步升高，则电弧开始引燃。只要这时能维持一定的电压，放电过程就能连续进行，使电弧连续燃烧。非接触引弧一般借助高频或高压脉冲引弧装置，使阴极表面产生强场发射，其发射出来的电子流再与气体介质撞击，使其离解导电。

2. 电弧焊工作原理

电弧焊是利用电弧的热能来达到连接金属的目的，电弧的热能是上述各个区域的电过程作用下产生的，由于各个区域的电弧过程特点不同，因此各区域所放出的能量及温度的发布也是不同的。

（1）阴极区　电弧紧靠负电极的区域称为阴极区。阴极区很窄，在阴极区的阴极表面有一个明显的光斑点，它是电弧放电时，负电极表面集中发射电子的微小区域，称为阴极斑点。阴极区的温度一般达 2130～3230℃，放出的热量占 36％左右。阴极温度的高低主要取决于阴极的电极材料，而且阴极的温度一般都低于阴极金属材料的沸点。此外，如果增加电极中的电流密度，那么阴极区的温度也可以相应提高。

（2）阳极区　电弧紧靠正电极的区域称为阳极区。阳极区较阴极区宽，在阳极区的阳极表面也有光亮的斑点，它是电弧放电时，正电极表面上集中接收电子的微小区域，称为阳极斑点。阳极不发射电子，消耗能量少，因此在和阴极材料相同时，阳极区的温度略高于阴极区。阳极区的温度一般达 2330～3930℃，放出的热量占

43%左右。一般手工焊时,阳极的温度比阴极高些。

(3) 弧柱　电弧阳极区和阴极区之间的部分称为弧柱。由于阴极区和阳极区都很窄,因此弧柱的长度基本等于电弧长度。弧柱中所进行的电过程较复杂,而且它的温度不受材料沸点的限制,因此弧柱中心温度可达 5730～7730℃,发出热量占 27%左右(手工电弧焊)。弧柱的温度与弧柱中气体介质和焊接电流的大小等因素有关;电流越大,弧柱中电离程度也越大,弧柱温度也越高。

3. 电焊条

电焊条是由焊芯(就是里面的那根金属)和药皮两部分组成。

(1) 焊芯作用　焊接时,焊芯有两个作用:一是传导焊接电流,产生电弧把电能转换成热能;二是焊芯本身熔化作为填充金属与液体母材金属熔合形成焊缝。

(2) 药皮作用　焊条的药皮在焊接过程中起着极为重要的作用。若采用无药皮的光焊条焊接,则在焊接过程中,空气中的氧和氮会大量侵入熔化金属,将金属铁和有益元素碳、硅、锰等氧化和氮化形成各种氧化物和氮化物,并残留在焊缝中,造成焊缝夹渣或裂纹。而熔入熔池中的气体可能使焊缝产生大量气孔,这些因素都能使焊缝的机械性能(强度、冲击值等)大大降低,同时使焊缝变脆。

(3) 常用电焊条的规格型号

a. SH.J422 用于焊接较重要的低碳钢结构和强度等级低的低合金钢(如 Q235)等。

b. J422(E4303)

说明:J422 是钛钙型药皮的碳钢焊条,具有优良的焊接工艺性能,电弧稳定,焊道美观,飞溅少,交直流两用,可进行全位置焊接。

用途:焊接较重要的低碳钢结构和强度等级低的低合金钢(如 Q235)等。

c. SH.E6013 用于焊接低碳钢结构,能适应各种形式的焊接接头和焊接位置的施焊。对薄板的焊接性能极佳,尤其是用于补道焊和打底焊。焊接时仅需 50V 空载电压，是理想的定位焊条。

d. SH.J426 用于焊接重要的低碳钢和低合金钢结构，具有良好的力学性能和抗裂性能，使用前需经 350℃×1h 烘焙。

e. J426（E4316）

说明：J426 是低氢钾型药皮的碳钢焊条，具有良好的力学性能和抗裂性能，交直流两用，可进行全位置焊接。

用途：焊接重要的低碳钢和低合金钢结构。

f. SH.J427 用于焊接重要的低碳钢和低合金结构，具有良好的塑性、韧性、抗裂性能，使用前需经 350℃×1h 烘焙。

g. J427（E4315）

说明：J427 是低氢钠型药皮的碳钢焊条。采用直流反接，可进行全位置焊接，具有优良的塑性、韧性、抗裂性能。

用途：焊接重要的低碳钢和低合金钢结构。

h. J506（E5016）

说明：J506 是低氢钾型药皮的碳钢焊条，具有良好的力学性能和抗裂性能，交直流两用，可进行全位置焊接。

用途：中碳钢和低碳钢的焊接。

i. SH.J507 可焊接中碳钢和某些低合金钢。采用直流弧焊电流反接，有良好的塑性、韧性和抗裂性能，使用前需经 350℃×1h 烘焙。

j. J507（E5015）

说明：J507 是低氢钠型药皮的碳钢焊条。采用直流反接，可进行全位置焊接。焊缝金属具有良好的塑性、韧性和抗裂性能。

用途：可焊接中碳钢和某些低合金钢

k. SH.E7018 用于碳钢、低合金钢、船舶用钢和压力容器焊接，有良好的力学性能和抗裂性能。熔敷效率为 120% 左右，使用前需经 350℃×1h 烘焙。

l. A402（E310-16）

说明：A402 是钛钙型药皮的纯奥氏体不锈钢焊条。熔敷金属在 900～1000℃高温条件下，具有优良的抗氧化性。交直流两用，有良好的操作性能。

用途：在高温条件下工作的同类型耐热不锈钢的焊接，也可用于硬化性大的铬钢以及异种钢的焊接。

m. SH. A102 用于焊接工作温度低于 300℃ 的耐腐蚀的 Cr19Ni9、Cr19Ni11Ti 不锈钢结构，是低碳不锈钢焊条。熔敷金属具有良好的力学性能及耐腐蚀性能。

n. A102（E308-16）

说明：A102 是钛钙型药皮的低碳不锈钢焊条。熔敷金属具有良好的力学性能及耐腐蚀性能。可交直流两用，操作性能良好。

用途：焊接工作温度低于 300℃ 的耐腐蚀的 0Cr9Ni、19Ni11Ti 不锈钢。

o. SH. A132 用于焊接重要的耐腐蚀含钛稳定的 Cr19Ni11Ti 型不锈钢，是低碳含铌稳定剂的不锈钢焊条，有优良的抗晶间腐蚀性能。

p. A132（E347-16）

说明：A132 是钛钙型药皮的低碳含铌稳定剂的不锈钢焊条，具有优良的抗晶间腐蚀性能，可交直流两用，操作工艺性能良好。

用途：焊接重要的耐腐蚀含钛稳定的 0Cr19Ni11Ti 型不锈钢。

q. SH. A022 用于焊接尿素、合成纤维等设备及相同类型的不锈钢结构，也可用于焊接后不能进行热处理的铬不锈钢以及复合钢和异种钢等，是超低碳不锈钢焊条（含 C≤0.04%），有良好的耐热、耐腐蚀及抗裂性能。

r. SH. A202 用于焊接在有机和无机酸（非氧化性酸）介质中工作的 Cr18Ni12Mo2 不锈钢或作为异种钢焊接。属于低碳不锈钢焊条，有良好的耐腐蚀、耐热及抗裂性能。

s. SH. A302 用于焊接相同类型的不锈钢、不锈钢衬里、异种钢（Cr19Ni9 同低碳钢）以及高铬钢、高锰钢等，有良好的抗裂性能及抗氧化性能。

t. A302（E309-19）

说明：A302 是钛钙型药皮的不锈钢焊条。熔敷金属有良好的抗裂性能及抗氧化性能。可交直流两用,有良好的工艺操作性能。

用途:焊接相同类型的不锈钢、不锈钢衬里、异种钢(Cr19Ni9同低碳钢)以及高铬钢、高锰钢等。

u. SH. A402用于焊接在高温条件下工作的同类型耐热不锈钢,也可用于硬化性大的铬钢(Cr5Mo,Cr9Mo,Cr13,Cr28等)以及异种钢的焊接,是纯奥氏体不锈钢焊条。熔敷金属在900~1100℃高温条件下具有良好的抗氧化性。

v. A402(E310-16)

说明:A402是钛钙型药皮的纯奥氏体不锈钢焊条。熔敷金属在900~1000℃高温条件下具有优良的抗氧化性。交直流两用,有良好的操作性能。

用途:在高温条件下工作的同类型耐热不锈钢的焊接,也可用于硬化性大的铬钢以及异种钢的焊接。

w. D256(EDMn-A-16)

说明:D256是低氢钾型药皮的堆焊焊条,可交直流两用(交流焊时,空载电压不低于70V)。堆焊时宜采用小电流、窄道焊,趁红热时立即锤击或水淬,以减少裂纹倾向。堆焊金属为奥氏体高锰钢,具有加工硬化、坚韧和耐磨的特点。

用途:焊接各种破碎机、高锰钢轨、推土机等受冲击而易磨损的部分。

x. SH. D322用于堆焊各种冷冲模及切割刃具,兼用于修复磨损表面以及要求耐磨性能较高的机械零件。≥55HRC的铬钼钨钒冷冲模堆焊焊条。

4. 电焊丝

一般来说,焊条是指电焊用的,外面有药皮;而焊丝是指气焊、二氧化碳气体保护焊等用的,只有焊芯没有药皮。焊接时作为填充金属,同时用来导电的金属丝叫焊丝,分实心焊丝和药芯焊丝两种。常用的实心焊丝型号:ER50-6(牌号:H08Mn2SiA)。常见焊丝如下:

(1)SKD11,>0.5~3.2mm,56~58HRC。焊补冷作钢、五

金冲压模、切模、刀具、成型模等，具有高硬度、耐磨性及高韧性的氩焊条。焊补前先加温预热，否则易产生龟裂现象。

（2）63°刀口刃口焊丝，>0.5～3.2mm，63～55HRC。主要应用于焊接刀模、热作高硬度具模、热锻总模、热冲模、耐磨耗硬面、高速钢及刀口修复。

（3）SKD61，>0.5～3.2mm，40～43HRC。焊补锌、铝压铸模，具有良好的耐热性与耐龟裂性，可焊接热气冲模、铝铜热锻模、铝铜压铸模。一般热压铸模常有龟甲裂纹状，大部分是由热应力所引起，亦有因表面氧化或压铸原料腐蚀所引起，热处理调至适当硬度改善其寿命，硬度太低或太高均不适用。

（4）70N，>0.1～4.0mm。焊丝特性与用途：高硬度钢的接合，锌铝压铸模龟裂、焊合重建，生铁、铸铁焊补。可直接堆焊各种铸铁、生铁材料，也可用于模具龟裂焊合。使用铸铁焊接时，尽量将电流放低，用短距离的电弧焊接，钢材进行部分预热，焊接后加热以及慢慢冷却。

（5）60E，>0.5～4.0mm。特性与用途：专用焊高拉力钢，硬面制作打底，龟裂焊合。高强度焊丝，含镍铬合金成分高，专业用于防破裂底层焊接、填充打底，拉力强，并可修补钢材焊后龟裂现象。延伸率：26%。

（6）8407-H13，>0.5～3.2mm，43～46HRC。制锌、铝、锡等有色合金及铜合金压铸模，可用于热锻或冲压模。具有高韧性、耐磨性、防热熔蚀性佳，抗高温软化，防高温疲劳性良好，可焊补热作冲头、铰刀、轧刀、切槽刀、剪刀等。做热处理时，需防止脱碳，热工具钢焊后硬度太高，易发生破裂。

（7）防爆裂打底焊丝，>0.5～2.4mm，约300HB。高硬度钢接合，硬面制作打底，龟裂焊合。高强度焊丝，含镍铬合金成分高，用于防破裂底层焊接、填充打底，拉力强，并可修补钢材龟裂焊合重建。

（8）718，>0.5～3.2mm，28～30HRC。用于大型家电、玩具、通信、电子、运动器材等塑料产品模具钢。塑料射出模、耐热模、抗腐蚀模，切削性、蚀花性良好，研磨后表面光泽性优良，使用寿命长。预热温度250～300℃，后热温度400～500℃，做多层焊补时，采用后退法，较不易产生熔合不良等缺陷。

（9）738，＞0.5～3.2mm，32～35HRC。用于半透明及需有表面光泽塑料产品模具钢，大型模具，产品形状复杂及精度高的塑料模用钢。塑料射出模、耐热模、抗腐蚀模、蚀花性良好，具备优良加工性能，易切削抛光和电蚀，韧性及耐磨性佳。预热温度250～300℃，后热温度400～500℃。做多层焊补时，采用后退法焊补，较不易产生熔合不良等缺陷。

（10）P20Ni，＞0.5～3.2mm，30～34HRC。用于塑料射出模、耐热模（铸铜模）。以焊接裂开敏感性低的合金成分设计，含镍约1％，适合PA、POM、PS、PE、PP、ABS塑料，具良好抛光性、焊后无气孔、裂纹，打磨后有良好光洁度，经真空脱气、锻造后，预硬至33HRC，断面硬度分布均匀，模具寿命长。预热温度250～300℃，后热温度400～500℃。做多层焊补时，采用后退法，较不易产生熔合不良等缺陷。

（11）NAK80，＞0.5～3.2mm，38～42HRC。用于塑料射出模、镜面钢。高硬度，镜面效果特佳，放电加工性良好，焊接性能极好，研磨后光滑如镜，为优秀塑模钢，加入易削元素，切削加工容易，具有高强韧性及耐磨不变形特性，适合各种透明塑料产品模具钢。预热温度300～400℃，后热温度450～550℃。做多层焊补时，采用后退法，较不易产生熔合不良等缺陷。

（12）S136，＞0.5～1.6mm，约400HB。用于塑料射出模，抗腐蚀性、渗透性良好。高纯度、高镜面度，抛光性良好，抗锈防酸能力极佳，热处理变形小，适合PVC、PP、EP、PC、PMMA塑料，耐腐蚀及容易加工的模件及夹具，超镜面耐蚀精密模具，如橡胶模具、照相机部件、透镜、表壳等。

（13）皇牌钢，＞0.5～2.4mm，200HB。用于铁模、鞋模、软钢焊接，易雕刻蚀花，S45C、S55C钢材等修补。质地细密、软、易加工、不会有气孔产生，预热温度200～250℃，后热温度

350～450℃。

(14) BeCu(铍铜)，＞0.5～2.4mm，300HB。用于高导热的铜合金模具材料，主加元素为铍，其适用于塑料注射成型模具的内镶件、模芯、压铸冲头、热流道冷却系统、导热嘴、吹塑模具的整体型腔、磨耗板等。钨铜材料则应用在电阻焊、电子封装以及精密机械设备等。

(15) CU(氩焊铜)，＞0.5～2.4mm，200HB。用途广泛，可焊补电解片、铜合金、钢、青铜、生铁及用于一般铜件焊补。机械性能良好，可用于铜合金焊接修补，也可用于焊接钢和生铁、铁的接合。

(16) 油钢焊丝，＞0.5～3.2mm，52～57HRC。用于冲裁模、量规、拉模、穿孔冲头，可广泛使用在五金冷冲压、首饰压花等，通用特殊工具钢，耐磨、油冷。

(17) Cr 钢焊丝，＞0.5～3.2mm，55～57HRC。用于冲裁模、冷作成型模、冷拉模、冲头，高硬度、高韧性、线切割性良好。焊补前先加温预热，焊补后请做后热动作。

(18) MA-1G，＞1.6～2.4mm。超镜面焊丝，主要用于军工产品或要求极高的产品。硬度48～50HRC。马氏体时效钢系、铝压铸模、低压铸造模、锻造模、冲裁模、注塑模的堆焊。特殊硬化高韧度合金，非常适用于铝重力压铸模、浇口，延长寿命2～3倍，可制作非常精密的模具、超镜面（浇口补焊，使用不易热疲劳裂痕）。

(19) 高速钢焊丝（SKH9），＞1.2～1.6mm，61～63HRC。高速钢，耐用性为普通高速钢的1.5～3倍，适用于制造、加工高温合金、不锈钢、钛合金、高强度钢等难加工材料的刀具、焊补拉刀、热作高硬度工具、模具、热锻总模、热冲模、耐磨耗硬面、高速钢、冲具、刀具、电子零件、螺纹滚模、牙板、钻滚轮、滚字模、压缩机叶片及各种模具机械零件等。

(20) 氮化零件焊补焊丝，＞0.8～2.4mm，约300HB。适用于氮化后模具，零件表面修补。

5. 电焊机

电焊机是利用正负两极在瞬间短路时产生的高温电弧来熔化电焊条上的焊料和被焊材料，来达到使它们结合的目的。

电焊机实际上就是具有下降外特性的变压器，将 220V 和 380V 交流电变为低压的直流电，电焊机一般按输出电源种类可分为两种，一种是交流电源电焊机；另一种是直流电源电焊机。直流电源电焊机可以说是一个大功率的整流器，分正负极，交流电输入时，经变压器变压后，再由整流器整流，然后输出具有下降外特性的电源，输出端在接通和断开时会产生巨大的电压变化，两极在瞬间短路时引燃电弧，利用产生的电弧来熔化电焊条和焊材，冷却后来达到使它们结合的目的。焊接变压器有自身的特点，外特性就是在焊条引燃后电压急剧下降的特性。焊接作业灵活、简单、方便、牢固、可靠，焊接后甚至与母材具有同等强度，广泛地用于各个工业领域，如航空航天、船舶、汽车、容器等。

6. 电焊机操作安全要求

（1）焊接前准备　电焊机应放在通风、干燥处，放置平稳。检查焊接面罩应无漏光、破损。焊接人员和辅助人员应穿戴好规定的劳动防护用品，并设置挡光屏隔离焊件发出的辐射热。电焊机、焊钳、电源线以及各接头部位要连接可靠，绝缘良好，不允许接线处发生过热现象，电源接线端头不得外露，应用绝缘胶布包扎好。电焊机与焊钳间导线长度不得超过 30m，如有特殊需要时，也不得超过 50m。导线有受潮、断股现象时应立即更换。交流电焊机的初、次级线路接线，应准确无误。输入电压应符合设备规定，严禁接触线路带电部分。次级抽头连接铜板必须压紧，接线柱应有垫圈。直流电焊机使用前，应擦净换向器上的污物，保持换向器与电刷接触良好。焊接中的注意事项：应根据工件技术条件，选用合理的焊接工艺（焊条、焊接电流和暂载率），不允许超负载使用，并应尽量采用无载停电装置。不准采用大电流施焊，不准用电焊机进行金属切割作业。

（2）载荷施焊　电焊机温升不应超过 A 级 60℃、B 级 80℃，否则应停机降温后，再进行焊接。电焊机工作场地应保持干燥，通风良好。移动电焊机时，应切断电源，不得用拖拉电缆的方法移动，如焊接中突然断电，应切断电源。在焊接中，不准调节电流，必须在停焊时使用手柄调节电焊机电流，不得过快、过猛，以免损坏调节器。直流电焊机启动时，应检查转子的旋转方向要符合电焊机标志的箭头方向。直流电焊机的碳刷架边缘和换向器表面的间隙不得小于 2~3mm，并注意经常调整和擦净污物。硅整流电焊机使用时，必须先开启风扇电机，电压表指示值应正常，仔细听应无异响。停机后，应清洁硅整流器及其他部件。严禁用摇表测试硅整流电焊机主变压器的次级线圈和控制变压器的次级线圈。必须在潮湿处施焊时，焊工应站在绝缘木板上，不准用手触摸导线，不准用手臂夹持带电焊钳，以免触电。

（3）焊接完后的注意事项　完成焊接作业后，应立即切断电源，关闭电焊机开关，分别清理归整好焊钳电源和地线，以免合闸时造成短路。施焊中，如发现自动停电装置失效时，应及时停机断电后检修处理。清除焊缝焊渣时，要戴上眼镜，注意头部应避开敲击焊渣飞溅方向，以免刺伤眼睛，不能对着在场人员敲打焊渣。露天作业完后，应将电焊机遮盖好，以免雨淋。不进行焊接时（移动、修理、调整、工间休），应切断电源，以免发生事故。

7. 常用焊接方法

（1）钎焊　焊剂熔化而被焊的材料不熔，如锡焊、银焊、铜焊。根据钎焊加热和介质的不同，分为瓦斯钎焊、炉中钎焊、接触钎焊、浸焊、感应加热钎焊及真空钎焊等。

（2）电阻焊　靠电阻加热来焊接，如闪光焊、缝焊、对焊、点焊、凸焊、电渣焊等。

（3）电弧焊　靠电弧熔化来焊接，如手工焊、埋弧焊、氩弧焊、离子保护焊、二氧化碳保护焊等。

（4）气焊　如氧乙炔焊、液化气焊以及银焊。

（5）特殊加热的焊接，如真空电子束焊、激光焊。

（6）利用压力或摩擦的焊接，如爆炸焊、摩擦焊。

（7）此外，还有锻接焊、浇铸焊等。

8. 焊接安全注意事项

（1）现场电焊（割）作业应履行三级动火申请审批手续，作业前，应根据申请审批要求，清理施焊现场 10m 内的易燃易爆物品，并采取规定的防护措施。作业人员必须按规定穿戴劳动防护用品。

（2）现场使用的电焊机，应设有防雨、防潮、防晒的机棚。

（3）电焊机电源线路及专用开关箱的设置，应符合电焊机安全使用的要求，并安装二次空载降压保护装置和防触电保护装置。电焊机开关箱及电源线路接线和故障排除必须由专业电工进行。

（4）雨天不得在露天电焊。在潮湿地带作业时，作业人员应站在铺有绝缘物品的地方，并应穿绝缘鞋。

（5）电焊机导线应有良好的绝缘，不得将电焊机导线放在高温物体附近。电焊机导线和焊接地线不得搭在易燃、易爆和带有热源的物品上，接地线不得接在管道、机床设备和建筑物金属构架或轨道上。

（6）电焊机导线长度不宜大于 30m，当需要加导线时，应相应增加导线的截面积。当导线通过道路时，必须架高或穿入防护管内埋设在地下；当通过轨道时，必须从轨道下面穿过。当导线绝缘层受损或断股时，应立即更换。

（7）电焊钳应有良好的绝缘和隔热能力。电焊钳握柄必须绝缘良好，握柄与导线连接应牢靠，接触良好，连接处应采用绝缘布包好并不得外露。

（8）严禁在运行中的压力管道，装有易燃易爆物品的容器和承载受力构件上进行焊接。在容器内施焊时，必须采取以下措施：

① 容器必须可靠接地，焊工与焊件间应绝缘。

② 容器上必须有进、出风口并设置通风设备。严禁向容器内输入氧气。

③ 容器内的照明电压不得超过 12V。

④ 焊接时必须有人在场监护。

⑤ 严禁在已喷涂过油漆和塑料的容器内焊接。

（9）高处焊接或切割时，应有可靠的作业平台，必须挂好安全带。焊割场所周围和下方应采取规定的防火措施并应有专人监护。

（10）多台电焊机集中施焊时，焊接平台或焊件必须接地，并应有隔光板。焊接铜、铝、锌等有色金属时，必须在通风良好的地方进行，焊接人员应戴防毒面罩或呼吸滤清器。

（11）更换场地移动焊把线时，应切断电源。作业人员不得用手臂夹持电焊钳。禁止手持把线爬梯、登高。

（12）清除焊渣，应戴防护眼镜或面罩，头部应避开敲击焊渣飞溅方向。

（13）工作结束，应切断焊机电源，锁好开关箱，并检查作业及周围场所，确认无引起火灾危险后，方可离开。

第二节 焊接有害因素分析及防护

焊接是工业生产企业中最常见的工作之一，在一些新建的中小型企业中，由于技术、资金和相应的职业卫生知识缺乏，加上部分企业从业人员流动性较大，焊工整体素质偏低，安全生产意识淡薄，自我劳动保护意识差。在施焊时所产生的大量烟尘和有害气体，不可避免地造成了焊接职业危害，严重地危害着焊接工人的身体健康，给企业和职工都会造成经济损失，甚至成为影响社会稳定的不利因素。

一、电焊烟尘的危害与电焊工肺尘埃沉着病的防护

1. 电焊烟尘对人体健康的危害

电弧焊时，在电弧的高温作用下，使液态金属和熔渣过热而蒸发，这种高温蒸气一脱离电弧高温区，即被迅速氧化与冷凝成细小的固态分散性粒子或细小的固态凝集性粒子，在空气中悬浮，成为电焊烟尘。

过去对电焊烟尘的危害程度，曾经存在争议。到 20 世纪 80 年代由于一些单位的电焊工发病率上升，经中国预防医学科学院劳动

卫生研究所、大连造船厂、江南造船厂、甘肃省卫生防疫站、铁道部劳动卫生研究所及齐齐哈尔车辆厂等单位合作，通过对发病情况的调查、临床研究及动物试验，特别是通过对因患肺尘埃沉着病而死亡的电焊工尸检分析，确认长期吸入结 422 和结 507 焊条等的电焊烟尘后，影响人体的呼吸机能，能引起肺组织纤维化，损害电焊工的身体健康和劳动能力。

电焊工肺尘埃沉着病患者的自觉症状，以咳嗽、咳黑色痰、胸闷、气短为多，肺活量降低，Ⅰ期患者的 X 光胸片出现不规则小阴影或类圆形小阴影。

电焊烟尘是高温使焊药、焊芯和被焊接材料熔化蒸发，逸散在空气中氧化冷凝而形成的颗粒极细的气溶胶。电焊烟尘因使用的焊条不同有所差异。如使用 T422 焊条焊接时，电焊烟尘主要为氧化铁，还有二氧化锰、非结晶型二氧化硅、氟化物、氮氧化物、臭氧、一氧化碳等；使用 507 焊条时，除上述成分外，还有氧化铬、氧化镍等。

电焊工肺尘埃沉着病的发病机制仍不完全清楚。患病后两肺呈灰黑色，肺内可见散在的大小不等的尘灶，尘灶多呈不规则状或星芒状，少数呈类圆状。尘灶直径多在 1mm 以下，少数直径为 1～2mm，直径达 3mm 者很少。多数尘灶中胶原纤维含量均在 50% 以下，部分病灶为单纯粉尘沉着，不含或含少量胶原纤维，以尘斑形式存在。尘斑分布在肺泡腔、肺泡间隔、呼吸性细支气管和血管周围。尘粒经铁染色呈阳性，切片经高温灰化未发现双折光石英尘粒。肺内可见散在分布的 2mm 左右的结节，部分结节可密集成堆，质韧，结节内可见多量的较粗大的胶原纤维，也可发生玻璃样变。在尘斑和结节周围常可见到程度不同的灶周气肿。少数电焊工肺尘埃沉着病尸检证明，肺内可见由多量密集的粉尘纤维灶及广泛的间质纤维化构成的大块肺纤维化。由于焊接烟尘及氮氧化物等有害氧化的作用，肺内大小支气管可发生扩张和炎症。

2. 对电焊烟尘有效的预防措施

为消除电焊烟尘对人体健康的危害，最为有效的防护措施是加强焊接工作场所的通风除尘工作，包括车间整体通风、狭窄工作区间的通风换气和焊接工位的抽烟排尘等。

根据 GBZ 2.1—2019《工作场所有害因素职业接触限值第 1 部分：化学有害因素》规定，工作场所空气中电焊烟尘时间加权平均容许浓度（PC-TWA）为 $4mg/m^3$。

二、气体保护焊有害气体的危害与防护

除产生焊接烟尘外，CO_2 气体保护焊会产生一氧化碳等有害气体，氩弧焊和等离子弧焊会产生臭氧等有害气体。

1. 气体保护焊有害气体的危害

CO_2 气体保护焊过程中产生的一氧化碳，主要来源于二氧化碳在电弧高温下的分解。一氧化碳与人体血液中输送氧气的血红蛋白具有极大的亲和力，所以一氧化碳经肺泡进入血液后，便很快与血红蛋白结合成"碳氧血红蛋白"，使血红蛋白失去正常的携氧功能，造成人体组织缺氧而引起中毒。

目前我国 CO_2 气体保护焊占全部焊接工作量的比例已超过 20%，集装箱行业已超过 90%，部分骨干造船厂已超过 60%。因此，必须关注 CO_2 气体保护焊的职业危害与防护问题。

在不通风的条件下，不但电焊烟尘浓度超标，而且一氧化碳浓度会达到 $64.20mg/m^3$，超过 GBZ 2.1—2019 标准规定的短时间接触容许浓度（PC-STEL）$30mg/m^3$ 一倍以上。而且随着工作时间的延长，一氧化碳浓度可能上升到 $100mg/m^3$ 以上，电焊工血液中的"碳氧血红蛋白"已接近一氧化碳轻度中毒的范围。而采取 0.5m/s 风速的通风措施后，电焊烟尘和一氧化碳浓度都达到国家卫生标准规定的容许浓度范围。所以在 CO_2 气体保护焊时，必须采取通风防护措施。

氩弧焊和等离子弧焊时，由于弧区温度高和紫外线辐射强烈，空气中的氧气经高温光化学反应而产生臭氧（O_3）。臭氧被吸入人体后，主要是刺激呼吸系统和神经系统，引起胸闷、咳嗽、头晕、全身无力和厌食等症状，严重时可发生肺水肿与支气管炎。因此

GBZ 2.1—2019 标准规定，工作场所空气中臭氧的最高容许浓度仅为 $0.3mg/m^3$。

2. 气体保护焊有害气体的防护对策

实测国内五个工厂采用手工钨极氩弧焊焊铝和铝镁合金时，工作地点空气中臭氧浓度为 $1.48\sim12.42mg/m^3$；实测等离子弧堆焊和等离子弧喷焊时，工作地点臭氧浓度为 $7.5\sim65mg/m^3$，均大大高于卫生标准规定的最高容许浓度。其防护对策是采取有效的通风换气措施，使焊工呼吸带附近的空气中臭氧浓度小于 $0.3mg/m^3$。

三、电焊弧光的危害与防护

1. 电焊弧光的危害

对电焊弧光进行光谱分析可知，电焊弧光包含红外线、可见光、紫外线三个部分。据测定，电弧功率 7000kW 左右的焊条电弧焊弧光光谱中，约含波长 $>1300\mu m$ 的红外线 38%，波长 $780\sim1300\mu m$ 的近红外线 31%，波长 $400\sim780\mu m$ 的可见光 26%，波长 $200\sim400\mu m$ 的紫外线 5%。氩弧焊所产生的紫外线强度是一般焊条电弧焊的十几倍到 30 倍，等离子弧焊的紫外线强度可比焊条电弧焊大 $30\sim50$ 倍。

焊接电弧的可见光的光度，比人眼能正常承受的光线光度可大一万倍。这样强烈的可见光，将对视网膜产生烧灼，造成电光性眼炎。此时将感觉眼睛疼痛，视觉模糊，有中心暗点，一段时间后才能恢复。如长期反复作用，将逐渐使视力减退。

焊接电弧中的红外线对眼睛的损伤是一个慢性过程。眼睛晶状体长期吸收过量的红外线后，将使其弹性变差，调节困难，使视力减退。严重者还将使晶体状浑浊，损害视力。焊工一天工作后，如自觉双眼发热，大多是吸收了过量红外线所致。

焊接电弧中的紫外线照射人眼后，会导致角膜和结膜发炎，产生"电光性眼炎"，属急性病症，使两眼刺痛、眼睑红肿痉挛、流泪、怕见亮光，症状可持续 $1\sim2$ 天，休息和治疗后，将逐渐好转。

应强调指出，一些论述电焊弧光对眼睛损伤的文章，多偏重于谈电光性眼炎，而对可见光损伤视力以及对红外线慢性损伤视力关注不够。近年来不少地区和企业都已发现一些技术熟练的中年电焊工，因视力减退，正当壮年而不能充分发挥相应技能。这无论对个人，还是对社会，都是损失。

2. 电焊弧光的防护

（1）对电焊弧光危害的防护　第一是必须采用品质合格的焊接滤光片（黑玻璃）；第二是要增强个人的防护意识。

（2）国家标准《焊接眼面部防护　焊接防护　第1部分：焊接防护具》（GB/T 3609.1—2008）对焊接滤光片的"紫外线透射比""可见光透视比""红外线透视比"，都有非常具体和明确的规定，对滤光片的屈光度偏差和平行度也有明确规定，全部性能必须符合上述规定的焊接滤光片，才可使用。另外，必须注意市售的一些劣质焊接滤光片（黑玻璃）只能防护可见光与紫外线，而防护红外线的作用差，将损伤视力，因此企业绝不能图便宜去采购劣质焊接滤光片。

（3）焊工要增强个人防护意识　在使用焊接滤光片时要检查其产品合格证及对紫外线和红外线滤光性能的检验证书，拒绝使用无证的焊接滤光片。

四、激光焊接的安全与防护

激光是受激辐射放大的光，与传统的光源相比，它的四个显著特点是方向性好、亮度高、单色性强、相干性好。激光具有良好的时空特性，聚焦后功率密度可达 $10^5 W/cm^2$ 以上，对材料的作用既可以是连续式的，又可以是准连续式的，还可以是脉冲式的。脉冲宽度可以短至微秒、纳秒甚至更短，其作用在材料上的面积、形状、功率（或能量）均可以方便调节。波长为 $1.06\mu m$ 的 YAG 激光可用光纤传输，千瓦级的 YAG 激光光纤传输时的光纤直径仅几百微米，激光的这些特点使其在焊接及其相关领域（诸如切割、打孔、打标、熔覆等领域）得到了日益广泛的应用，并受到了越来越多的关注。

另外，激光也像一般光一样有生物效应，这种生物效应一方面可给人类带来益处，诸如育种、医疗；另一方面无防护的大功率激光辐射，也会造成人体组织直接或间接的损害。因此，了解激光对生物体可能造成的损伤，对从事激光焊接的工作者是十分必要的。

1. 激光的生物效应

激光对生物机体的效应主要有热效应、光效应、压力效应以及电磁场效应。

（1）热效应　热效应是指高功率密度的激光辐照生物体时所引起的生物体组织蛋白质的破坏、烧伤、炭化、气化、穿孔等。

研究表明，用 100J 的激光照射到 0.1cm³ 的生物体上，在很短的时间内可升温至 200℃。然而，温度下降的速度却很慢，温度的急升和缓降会引起基因的突变。通常情况下，基因由约 1000 个原子组成，原子受高热会改变其位置，变成异构分子。

（2）光效应　光效应是指激光照射生物体所引起的刺激、抑制以及分解等作用，激光对人体的光效应与激光波长、照射时间、照射剂量等有关。

① 光敏作用。光敏作用是指激光对生物体的刺激或抑制作用。He-Ne 激光的波长为 0.6328μm，毫瓦级的 He-Ne 激光照在人体上几乎没有温升的感觉，然而，却能刺激酶的活性，增强血液中吞噬细胞、红细胞和血色素的含量。

② 光致损伤。高度单色性的激光会使分子里的化学键受激发而引起分子分解。

（3）压力效应　光照射在物体上，光的动量传递给物体即形成光压，光压与功率密度成正比。激光的压力来自两个方面：一是辐射压力，当功率密度为 108W/cm² 时，辐射可达 3400Pa；二是功率密度超过人体损伤的阈值时，组织蒸发、气化产生的冲击压力。辐射和冲击压力构成了总压力。

（4）电磁场效应　正常机体细胞和组织有一定的游离电荷储备，存在一特殊的生物场。激光作为一种很强的电磁波，其照射人体组织时，其电磁场会对人体组织的生物场产生干扰，影响其生理状态。

激光光波的电磁场主要影响机体的原子和分子状态，进而影响生物电位，生物电位对神经脉冲传递有重要作用，所以，激光辐照会使神经脉冲传递受刺激、抑制或破坏。

2. 激光焊接引起的危害

激光焊接时，工作人员处于强激光的附近，如防护不好，可能会对眼睛、皮肤以及神经系统产生危害。

(1) 激光对神经的影响　激光对神经的影响通过电磁效应而产生。激光可通过皮肤对神经末梢起作用，国外许多从事相关研究的专家通过对家兔、豚鼠的研究证实了这一点。

(2) 激光对眼睛的损害　人对物体的视觉形成过程是：物体发出的可见光刺激视网膜上的感光细胞，然后经视神经传给大脑。当视网膜受到光强很大的激光照射时，轻则使视神经发痛，重则使视网膜损坏。人的眼睛作为一个生物聚焦系统，聚焦后作用在视网膜上的功率密度较进入角膜前可提高 $(2 \sim 5) \times 10^5$ 倍。显然，高度平行的激光对人眼可能引起的损伤必须高度重视。

激光对眼睛的损害与激光波长、功率或能量、脉宽、环境等有关。功率越大，波长越短，损伤越严重；夜间或在暗室时，瞳孔大，进入眼睛的能量大，危害大。

(3) 激光对皮肤的损害　激光对皮肤的损害主要是烧伤。研究表明，深色皮肤较浅色皮肤的吸收率高；皮肤对 CO_2 激光的吸收率高；吸收的能量主要沉积在皮肤浅层。

3. 激光辐射危害的控制

为了确保激光焊接时的安全与防护，对激光危害必须严加控制，控制方法主要是工程控制、个人防护等。

(1) 工程控制　工程控制是指对激光器或激光加工系统在结构上所采取的安全措施，主要包括：

① 防护罩。用以防止工作人员受到超过最大允许照射量的激光辐射。

② 安全联锁。与防护罩相连的，在移开防护罩时可避免辐射

的自动装置。

③ 安全光路。对辐照可能引起燃烧或次级辐射的光路予以封闭。

④ 光束终止。为了使激光束不超越受控的加工作业区，可使用光束终止器或衰减器。

（2）个人防护　个人防护主要是指：

① 佩戴激光防护眼镜。激光防护眼镜的滤光片选择性地衰减特定的激光波长，并尽可能多地透过非防护的可见辐射。激光防护眼镜可分为普通眼镜型、边框不透光的防侧光型以及边框部分透光的半防侧光型。

② 佩戴激光防护面罩。主要用于紫外激光源防护，激光防护面罩不仅可以保护眼睛，也可以保护面部皮肤。

③ 激光防护手套。高功率、高能量的激光无论直射或散射均会造成损害，因而，佩戴激光防护手套也是必要的。

④ 穿戴激光防护服。对工作人员皮肤可能受到最大允许照射量的岗位，应提供激光防护服，防护服应耐火、耐热。

五、防火防爆安全措施

（1）为防止火灾和爆炸类事故的发生，在作业前应仔细检查作业场所，在企业的禁火区内严禁动火焊接。

（2）作业场所周围 10m 的范围内不得存放易燃易爆物品。

（3）在进行气焊或气割作业时，要仔细检查瓶阀、减压阀和胶管，不能有漏气现象，拧装和拆取阀门都要严格按操作规程进行。

（4）在进行电焊作业时，应注意电流过大而使导线包皮破损产生大量热量，或者接头处接触不良而引起火灾。因此，作业前应仔细检查，对不良设备予以更换。

（5）应该注意在焊接和切割管道、设备时，热传导能导致另一端易燃易爆物品发生火灾爆炸，所以在作业前要仔细检查，清除另一端的危险物品。

（6）切割旧设备、废钢铁时，要注意清除其中夹杂的易燃易爆物品，防止发生火灾和爆炸类事故。

（7）当工作地点存在下列情况之一时，禁止进行焊接与切割作业：

① 堆存大量易燃物品（如漆料、棉花、干草等），而又无法采取有效的防护措施；

② 焊接与切割可能形成易燃易爆蒸气或积聚爆炸性粉尘；

③ 新涂油漆而油漆尚未充分干燥的结构；

④ 处于受压状态或者装载易燃易爆介质、有毒介质的容器、装置和管道。

（8）在作业现场，要配备足够数量的灭火器材，要检查灭火器材的有效期限，保证灭火器材有效可用。

（9）焊接、切割作业结束后，要仔细检查现场，彻底消除遗留下的火种，避免后患。

第二章

气焊和气割安全

第一节 气焊和气割的安全分析

在工业生产中，利用可燃气体与助燃气体混合燃烧所释放出的热量作为热源进行金属材料的焊接或切割，是金属材料热加工常用的工艺方法之一。在科学技术突飞猛进的今天，气焊和气割技术在现代工业生产中仍占有极其重要的地位，用途很广。

一、气焊的基本原理

气焊是利用可燃气体和氧气在焊枪中混合后，由焊嘴中喷出点火燃烧，产生热量来熔化被焊件接头处与焊丝形成牢固的接头，主要用于薄钢板、有色金属、金属铁件、刀具的焊接以及硬质合金等材料的堆焊和磨损件的补焊。气焊见图 2-1。

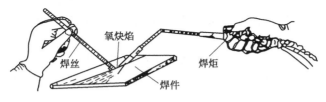

图 2-1 气焊示意图

1. 气焊应用的设备和器具

气焊所用的设备包括氧气瓶、乙炔发生器、乙炔瓶、回火防止器、焊炬、减压器以及橡皮管等。图 2-2 给出了气焊设备组成的简

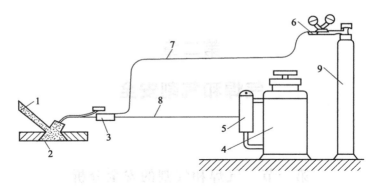

图 2-2　气焊设备组成示意

1—焊丝；2—焊件；3—焊炬；4—乙炔发生器；5—回火防止器；

6—氧气减压器；7—氧气橡胶管；8—乙炔橡胶管；9—氧气瓶

图，用以说明气焊所用的设备和器具。

2. 气焊用材料

（1）焊丝（填充材料）　气焊时，焊丝的化学成分直接影响到焊缝金属的性能。焊丝不断地送入熔池内，与熔化的母材熔合后形成焊缝，所以焊缝金属的化学成分和质量在相当大的程度上取决于焊丝的化学成分和质量。一般对焊丝的要求有：

① 焊丝的化学成分应基本与焊件母材的化学成分相匹配，并保证焊缝有足够的力学性能和其他性能。

② 焊丝的熔点应等于或略低于被焊金属的熔点。

③ 焊丝应能保证必要的焊接质量，如不产生气孔、夹渣、裂纹等缺陷。

④ 焊丝表面应无油脂、锈蚀和油漆等污物。

（2）焊丝的选用和保存　在选用焊丝时，应着重考虑以下问题：

① 考虑保证焊件的力学性能。一般应根据焊件的合金成分来选用焊丝。如遇到焊件的某些合金元素在焊接过程中易被烧损或蒸发的情况时，应当选用该合金元素含量高一些的焊丝，补充烧损或蒸发的一部分损失，以达到焊件原来的力学性能。因此在选用焊丝

时，首先要考虑到焊件的受力情况。例如，需要强度高的焊接接头，应当选用比母材强度高或相同的焊丝；焊接受到冲击力的焊件时，应当选用韧性好的焊丝；要求焊件耐磨，应当选用耐磨材料的焊丝。总之，焊丝的选用首先要符合焊件的力学性能要求。

② 考虑焊接性。除了保证焊件的力学性能外还应考虑到焊缝金属和母材的熔合及其组织的均匀性。这与焊丝的熔点和母材的熔点之差有关。一般要求焊丝的熔点等于或略低于母材的熔点。否则在焊接过程中就容易形成烧穿、咬边或在焊缝金属中形成夹渣。

焊丝填入焊缝后，焊缝金属和熔合线处的晶粒组织要求细密，没有夹渣、气孔、表面裂纹和塌陷等缺陷，才能符合焊接质量要求。例如属于钢类的焊丝，在焊接过程中，应使熔池金属没有沸腾喷溅等情况，熔池略微呈现油亮的黏稠状态，凝固后的焊缝表面应没有裂纹、塌陷、粗糙等现象，这样的焊丝即为较好的焊丝。如果发现熔池出现飞溅时，可能是由于焊丝中碳含量过高，焊丝表面有铁锈及油污，或是过烧引起的。这时可用气焊火焰把焊丝一端熔化后观察一下，如果略微呈现油亮而黏稠状态，冷却后表面光亮，说明不是焊丝的问题，而是过烧或母材中的氧化物造成的。

③ 考虑焊件的特殊要求。焊接对介质和温度等有特殊要求的焊件，应当选用能满足使用要求的焊丝。例如，焊接不锈钢焊件时，应选用能使焊缝金属具有耐腐蚀性能的焊丝。耐高温的焊件，焊缝金属也必须是耐高温的。要求导电的焊件，焊缝金属就必须导电性能良好。当焊接在腐蚀介质中工作的不锈钢容器或零件时，应当选用铬（Cr）、镍（Ni）含量比母材成分高，而碳含量要低一些的不锈钢焊丝。当焊接耐高温的含铬（Cr）、钼（Mo）的合金钢管或容器时，应当选用含钼或铬量比焊件成分高一些的焊丝。

（3）气焊熔剂（气焊粉）　气焊过程中被加热的金属极易生成氧化物，使焊缝产生气孔及夹渣等缺陷。为了防止氧化及消除已形成的氧化物，在焊接有色金属、铸件以及不锈钢等材料时，通常需要加气焊熔剂。在气焊过程中，将熔剂直接加到熔池内，使其与高熔点的金属氧化物形成熔渣浮在上面，将熔池与空气隔绝，防止熔池金属在高温时被继续氧化。因此，气焊熔剂的作用主要有：

① 保护熔池。

② 减少有害气体侵入。

③ 去除熔池中形成的氧化物杂质。

④ 增加熔池金属的流动性。

气焊时，熔剂的选择要根据焊件的成分、性质而定，其要求如下：

① 熔剂应具有很强的化学反应能力，即能迅速溶解一些氧化物，或与一些高熔点化合物作用后，生成新的低熔点和易挥发的化合物。

② 熔剂熔化后黏度要小，流动性要好，产生的熔渣熔点要低，密度要小，熔化后易于浮在熔池表面。

③ 熔剂不应对焊件有腐蚀作用，生成的熔渣要容易清除等。气焊熔剂按所起的作用可分为化学作用气焊熔剂和物理溶解气焊熔剂两大类，常用气焊熔剂的基本性能见表 2-1。

表 2-1　常用气焊熔剂的基本性能

牌号	名称	适用材料	熔点及基本性能
CJ101	不锈钢及耐热钢气焊熔剂	不锈钢及耐热钢	熔点为 900℃。有良好的湿润作用，能防止熔化金属被氧化，焊后熔渣易消除
CJ201	铸铁气焊熔剂	铸铁	熔点约为 650℃。呈碱性反应，富有潮解性，能有效地去除铸铁在气焊时产生的硅酸盐和氧化物，有加速金属熔化的功能
CJ301	铜气焊熔剂	铜及铜合金	熔点约为 650℃。呈碱性反应，能有效地熔解氧化铜和氧化亚铜
CJ401	铝气焊熔剂	铝及铝合金	熔点为 650℃。呈碱性反应，能有效地破坏氧化膜，因具有潮解性，在空气中能引起铝的腐蚀，焊后必须把熔渣清除干净

3. 气焊常用的气体及氧-乙炔火焰特性

气焊应用的气体包括助燃气体和可燃气体，助燃气体是氧气，可燃气体是乙炔、液化石油气和氢气等，一般以乙炔作可燃气。

乙炔与氧气混合燃烧的火焰称为氧-乙炔焰，按氧气与乙炔的混合比不同可分为中性焰、碳化焰和氧化焰三种。纯乙炔焰和氧-乙炔焰构造和形状见图 2-3。

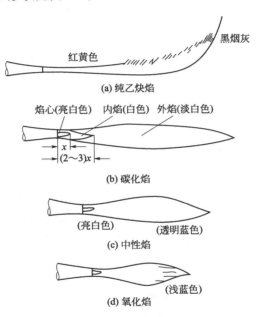

图 2-3　纯乙炔焰和氧-乙炔焰构造和形状

（1）中性焰　氧气与乙炔的混合比为 1～1.2 时，得到的火焰称为中性焰。中性焰燃烧后无过剩的氧和乙炔。焊接时主要应用中性焰。中性焰有时称为轻微碳化焰，火焰由焰心、内焰和外焰三部分组成，其中内焰微微可见。

在中性焰的焰心与内焰之间，燃烧生成的一氧化碳（CO）、氢气（H_2）与焰化金属相作用，使氧化物还原。内焰温度达 3050～3150℃，所以用中性焰焊接时，都应用内焰来熔化金属。一般中性焰适用于焊接碳钢和有色金属材料。

（2）碳化焰　碳化焰在火焰的内焰区域中尚有部分乙炔燃烧，氧气与乙炔的比值小于 1（0.85~0.95）。碳化焰也可分为焰心、内焰、外焰，火焰比中性焰长而柔软，而且随着乙炔的供给量增多，碳化焰也就变得越长、越柔软，其挺直度就越差，其内焰的最高温度为 2700~3000℃。由于过剩的乙炔焰分解为碳（C）和氢（H_2），游离状态的碳会渗到熔池中去，使焊缝金属的含碳量增高，所以用碳化焰焊接低碳钢，会使焊缝强度提高，但塑性降低。另外，过多的氢进入熔池，使焊缝产生气孔及裂纹，因此，碳化焰不适用于低碳钢、合金钢的焊接，而适用于碳钢、铸铁及硬质合金等材料的焊接。

（3）氧化焰　氧化焰在燃烧过程中氧气的浓度较大，氧气和乙炔的比值大于 1.2（1.3~1.7），氧化反应剧烈，整个火焰缩短，而且内焰与外焰层次不清，在尖形焰心外面形成了一个有氧化性的富氧区，最高温度可达 3100~3300℃。

氧化焰具有氧化性，如果用来焊接一般的钢件，则焊缝中的气孔和氧化物是较多的，同时熔池产生严重的沸腾现象，使焊缝的强度、塑性和韧性变坏，严重地降低了焊缝质量。除了锰钢、黄铜外，一般钢件的焊接不能用氧化焰，因此，这种火焰很少被应用。

4. 气焊时的主要工艺参数

气焊的工艺参数主要有接头形式和坡口形式、火焰种类、火焰能率、焊接方向、焊嘴倾角和焊丝直径等。

（1）接头形式和坡口形式　气焊常用的接头形式主要为对接、角接和卷边接头。由于气焊只适用于焊接较薄的工件，因此，其坡口形式多为Ⅰ形和Ⅴ形。

（2）火焰种类　气焊时，应根据不同的钢种，采用不同种类的火焰。按氧气与乙炔的混合比例不同，气焊火焰可分为碳化焰、中性焰和氧化焰三种。

（3）火焰能率　气焊的火焰能率主要取决于焊炬型号及焊嘴号

的大小。生产中应根据焊件的厚度来选择焊炬型号及焊嘴号，当两者选定后，还可根据接头形式、焊接位置等具体工艺条件，在一定的范围内调节火焰的大小，即火焰能率。

焊件的导热性越强，气焊时所需的火焰能率就越大。如在相同的工艺条件下，气焊铝和紫铜的火焰能率比低碳钢大。

（4）焊接方向　气焊时，通常所指的焊接方向主要有两种：一种是自左向右施焊，称右焊法；另一种是自右向左施焊，称左焊法。在通常情况下，左焊法适用于焊接较薄的工件；右焊法适用于焊接较厚的工件。

（5）焊嘴倾角　气焊时，一般要将焊嘴向焊件表面倾斜一定的角度。因此，通常将焊嘴与焊件平面间小于 90°的角称为焊嘴倾角。焊嘴倾角大，火焰的热量损失少，温度高，工件加热快。焊嘴倾角的大小应根据焊件厚度、火焰大小、焊件的材质及工艺要求等确定。

（6）焊丝直径　焊丝直径主要根据焊件的厚度来选择。焊件较厚时，焊丝直径要相对大一些。当焊件厚度为 1～2mm 时，焊丝直径为 1～2mm；当焊件厚度为 3～5mm 时，焊丝直径以 2～3mm 为宜。

二、气割的基本原理

气割的定义：利用可燃气体与氧气混合燃烧的火焰热能将工件切割处预热到一定温度后，喷出高速切割氧流，使金属剧烈氧化并放出热量，利用切割氧流把熔化状态的金属氧化物吹掉，而实现切割的方法。

气割的实质：金属的气割过程实质是铁在纯氧中的燃烧过程，而不是熔化过程。可燃气体与氧气的混合及切割氧的喷射是利用割炬来完成的，气割所用的可燃气体主要是乙炔、液化石油气和氢气。

气割的要求：气割时应用的设备器具除割炬外均与气焊相同。气割过程是预热—燃烧—吹渣过程，但并不是所有的金属都能气割，只有需要切割的金属材料具备以下条件才能实现热切割。

① 能同氧发生剧烈的氧化反应，并放出足够的热量，以保证把切口前缘的金属层迅速地加热到燃烧点。

② 金属的热导率不能太高，即导热性应较差，否则气割过程的热量将迅速散失，使切割不能开始或中断。

③ 金属的燃烧点应低于熔点，否则金属的切割将成为熔割过程。

④ 金属的熔点应高于燃烧生成氧化物的熔点，否则高熔点的氧化膜会使金属和气割氧隔开，造成燃烧过程中断。

⑤ 生成的氧化物应该易于流动，否则切割时生成的氧化物熔渣本身不被氧气流吹走，而阻碍切割进行。

普通碳钢和低合金钢符合上述条件，气割性能较好。高碳钢及含有易淬硬元素（如铬、钼、钨、锰等）的中合金钢和高合金钢，可气割性较差。不锈钢含有较多的铬和镍，易形成高熔点的氧化膜（如 Cr_2O_3），铸铁的熔点低，铜和铝的导热性好（铝的氧化物熔点高），它们属于难以气割或不能气割的金属材料。

三、气焊和气割的安全分析

1. 可引起爆炸事故

在气焊火焰的作用下，尤其是气割时切割氧射流的喷射，使火星、熔珠和熔渣四处飞溅，容易造成烧伤和烫伤事故。而且较大的熔珠、火星和熔渣能飞溅到距操作点 5m 以外的地方，还会引燃易燃易爆物品，而发生火灾和爆炸事故。

气焊与气割属明火作业，具有高温、高压、易燃易爆的特点，且经常与可燃、易燃物质以及压力容器打交道，存在着较大的火灾爆炸危险性。

气焊与气割所使用的乙炔、氢气、煤气、天然气、液化石油气等都是易燃易爆气体。氧气具有强烈的助燃性，化学性质极为活泼，稍不注意，容易发生燃烧和引起爆炸。

气焊与气割所使用的设备、器具，如乙炔发生器、乙炔瓶、液化石油气罐、氧气钢瓶均属受压或高压容器，本身就属于较大的危险因素。

气焊与气割的火焰温度高，作业过程中熔融的金属火星到处飞溅，若溅到周围可燃物上，能引起阴燃造成火灾，尤其在进行气割时，温度更高，熔融的金属氧化物更多，飞溅的距离范围更大，造成火灾的危险性也就更为突出。

气焊的使用面较广，薄型的金属容器如汽油桶、油箱以及各种各样的金属容器，在维修时都离不开气焊，钢筋连接时也用到气焊，往往这些容器内残留汽油和易燃气体，当接触到焊、割火焰时会引起爆炸。

2. 可引起火灾事故

在焊、割建筑工地，还会遇到许多可燃、易爆物质以及各种压力容器和管道。

气焊、气割使用的设备和能源虽然都有一定的火灾危险性，但火灾爆炸事故的发生，主要不在于这些设备和能源本身，而绝大多数是在气焊、气割作业中思想麻痹，操作不当，制度不严，安全措施落实不力而引起的。

工厂企业（尤其是化工、石油、冶金等）的设备与管道安装和检修焊补，经常需要进行高处气焊与气割作业，这就存在着登高焊、割作业的高处坠落，以及溅落的火星引燃地面的可燃易爆物品等不安全因素。

3. 可引起中毒事故

有色金属铅、铜、镁及其合金气焊时，在火焰高温作用下会蒸发成金属烟尘，如黄铜的焊接过程中放散大量锌蒸气；铅的焊接过程中放散铅和氧化铅蒸气等有毒的金属蒸气。此外，焊粉和钎剂还会散发出氯盐和氟盐的燃烧产物。在检修补焊操作中，还会遇到来自容器和管道里的其他生产性毒物与有害气体，尤其是在锅炉、舱室、密闭器与管道、地沟、门窗关闭室内或作业空间狭小的地方，更可能造成焊工的急性中毒事故。

四、气焊和气割安全操作规程

1. 一般安全工作要求

（1）未受过专门训练的人员不准进行焊接工作。焊接锅炉承压部件、管道及承压容器等设备的焊工，必须按照锅炉监察规程（焊工考试部分）的要求，经过基本考试和补充考试合格，并持有合格证，方可允许工作。

（2）焊工工作服，上衣不许扎在裤子里。口袋应有遮盖，裤腿应长得罩住鞋面，裤腿不应有卷边，以免焊接时被烧伤。

（3）禁止使用有缺陷的焊接工具和设备。

（4）禁止在带有压力（液体压力或气体压力）的设备上或带电的设备上进行焊接。对承重构件进行焊接，必须经过有关技术部门的许可。

（5）禁止在装有易燃物品的容器上或在油漆未干的结构或其他物体上进行焊接。

（6）禁止在储有易燃物品的房间内进行焊接。在易燃材料附近进行焊接时，其最小距离不得小于5m。

（7）对于存有残余油脂或可燃液体的容器，应先用水蒸气吹洗或用热碱水冲洗干净，并将其盖口打开，方才准许焊接。

（8）在风力超过5级时禁止露天进行焊接或气割。但风力在5级以下3级以上进行露天焊接或气割时，必须搭设挡风屏以防火星飞溅引起火灾。

（9）下雨雪时，不可露天进行焊接或切割工作。如必须进行焊接时，应采取防雨雪的措施。

（10）在焊接工作场所附近，必须经常有盛满水的水桶、消火栓、沙箱、灭火器等消防设备。

（11）进行焊接工作时，必须设有防止金属熔渣飞溅、掉落引起火灾的措施，以及防止灼伤、触电、爆炸等的措施。

（12）在高空进行焊接工作，必须遵照高处作业部分的有关规定。

（13）在梯子上只能进行短时不繁重的焊接工作，禁止登在梯子的最高梯阶上进行焊接工作。

（14）在锅炉汽包、凝汽器、油箱、油槽以及其他金属容器内进行电焊工作，应有下列防止触电的措施：

① 焊工应避免与铁件接触，要站立在橡胶绝缘垫上或穿橡胶绝缘鞋，并穿干燥的工作服。

② 电焊钳的构造应保证只能在断电时才能更换焊条。

③ 容器内使用的行灯，电压不得超过 12V。行灯变压器的外壳应可靠接地，不许使用自耦变压器。

④ 行灯用的变压器及电焊变压器均不得携入锅炉及金属容器内。

（15）在金属容器内进行焊接工作，外面应设有可看见和听见焊工工作的监护人，并设有开关，以便根据焊工的信号切断电源，更换焊条。

（16）在密闭容器内，不允许同时进行电焊及气焊工作。

2. 对气瓶储存及使用的安全工作要求

（1）储存气瓶的仓库应具有耐火性能；门窗应向外开，装配的玻璃应用毛玻璃或涂以白色油漆；地面应该平坦不滑，砸击时不会发生火花。

（2）容积较小的仓库（储存量在 50 个气瓶以下）与其他建筑物的距离应不少于 25m，较大的仓库与施工及生产地点的距离应不少于 50m；与住宅和办公楼的距离应不少于 100m。

（3）储存气瓶仓库周围 10m 距离以内，不得堆置可燃物品，不得进行锻造、焊接等明火工作，也不准吸烟。

（4）仓库内应设架子，使气瓶垂直立放，空的气瓶可以平放堆叠，但每一层都应垫有木制或金属制的型板，堆叠高度不得超过 1.5m。

（5）装有氧气的气瓶不得与乙炔气瓶或其他可燃气体的气瓶储存于同一仓库。

（6）储存气瓶的仓库内不许有取暖设备。

（7）储存气瓶的仓库必须备有消防用具。

（8）气瓶的搬运应遵守下列各项规定：

① 气瓶不许用手或肩直接搬运或滚动，应使用专门的抬架或有弹簧的手推车。

② 运输气瓶时应安放在特制半圆形的承重木架内，如没有承重木架时，可以在每一气瓶上套以厚度不小于 25mm 的绳圈或橡皮圈两个，以免互相撞击。

③ 全部气瓶的气门都应朝向一面。

④ 用汽车运输气瓶时，气瓶不得顺车厢纵向放置，应横向放置。气瓶押运人员应坐在司机驾驶室内，不许坐在车厢内。

⑤ 为防止气瓶在运输途中滚动，应将其可靠地固定住。

⑥ 用汽车或铁道敞车运输气瓶时，应用帆布遮盖，以防止烈日暴晒。

⑦ 不论是已充气或空的气瓶，应将瓶颈上的保险帽和补气门侧面连接头的螺母盖盖好后方许运输。

⑧ 运送氧气瓶时，必须保证气瓶不沾染油脂、沥青。

⑨ 严禁把氧气瓶及乙炔瓶放在一起运送，也不得与易燃物品和装有可燃气体的容器一起运送。

3. 氧气瓶和乙炔瓶的使用

（1）在连接减压器前，应将氧气瓶的输气截门开启四分之一转，吹洗 1～2s，然后用专门的扳手安上减压器。工作人员应站在截门连接头的侧方。

（2）气瓶上的输气截门或减压器气门，若发现有毛病时，应立即停止工作，进行修理。

（3）氧气瓶每三年应进行一次 225 个大气压的水压试验，过期未经水压试验或试验不合格者不得使用。在接收氧气瓶时，应检查印在瓶上的试验日期及试验机构的鉴定。气瓶不得有砂眼、裂缝等。

（4）运到现场的氧气瓶必须验收检查。如有油脂痕迹，应立即擦拭干净；如缺少保险帽或气门上缺少封口螺栓或有其他缺陷，应在瓶上注明"注意！瓶内装满氧气"，退回制造厂。

（5）氧气瓶应涂成蓝色，用黑色标明"氧气"字样；乙炔瓶涂成白色，并用红色标明"乙炔"字样。

（6）氧气瓶内的压力降到 2 个大气压时，不得再使用。用过的瓶上应写明"空瓶"。

（7）氧气瓶截门只准使用专门扳手开启，不得使用凿子、锤子开启；乙炔瓶截门需用特殊的键开启。

（8）在工作地点，最多只许有两个氧气瓶，一个工作，一个备用。

（9）使用中的氧气瓶和乙炔瓶应垂直放置并固定起来。

（10）绝对禁止使用没有减压器的氧气瓶。

（11）不许将氧气瓶和乙炔瓶放置在同一个小车上。

（12）禁止装有气体的气瓶与电线接触。

（13）在焊接中禁止将带有油迹的衣服、手套或其他沾有油脂的物品与氧气瓶软管及接头相接触。

（14）安设在露天的气瓶，应用帐篷或轻的板棚遮护，以免受到阳光暴晒。

4. 减压器

（1）减压器的低压室没有压力表或压力表失效，一概不许使用。

（2）将减压器安装在气瓶截门或输气管前，应注意下列各项：

① 减压器（特别是连接头和外套螺母）是否沾有油脂；如有油脂应擦洗干净。

② 外套螺母的隙纹是否完好，帽内应有纤维质垫圈（不得用皮垫等代替）。

③ 预吹截门上的灰尘时，工作人员应站在侧面，以免被气体冲伤，其他人员不得站在吹气方向附近。

（3）应先把减压器和氧气瓶连接后，再开启氧气瓶的截门，开启截门时不得猛开，以免气体冲破减压器。

（4）减压器冻结时应用热水或蒸汽解冻，禁止用火烤。

（5）减压器如发生自动燃烧，应迅速把氧气瓶的输气截门关闭。

（6）减压器需要停止使用时应注意的事项：

① 需要停止 2～3min 时，只需关闭焊枪的截门；

② 需要停止 15～18min 时，需将减压器的调整螺杆拧松，直至与弹簧分开；

③ 需要长时间停止工作时，需将氧气瓶输气截门关闭；

④ 工作结束时，需将减压器自气瓶上取下，并由焊工保管。

（7）使用于氧气瓶的减压器应涂蓝色；使用于乙炔发生器的减压器应涂白色，以免混用。

5. 橡胶软管

（1）橡胶软管应具有足以承受气体压力的强度，氧气软管需用 20 个大气压的压力试验，乙炔软管需用 5 个大气压的压力试验。

（2）橡胶软管的长度一般为 10～20m。两端的接头（一端接减压器，另一端接焊枪）必须用特制的卡子卡紧，或用软的和退火的金属绑线扎紧，以免漏气或松脱。

（3）在连接橡胶软管前，应先将软管吹净，并确定管中无水后，才许使用。

（4）使用的橡胶软管不应有鼓包、裂缝或漏气等现象。如发现有漏气现象，不得用贴补或包缠的方法修理，应将其损坏部分切掉，用双面接头管把软管连接起来并用夹子或金属绑线扎紧。

（5）可燃气体（如乙炔）的橡胶软管在使用中发生脱落、破裂或着火时，应首先将焊枪的火焰熄灭，然后停止供气。氧气软管着火时，应先拧松减压器上的调整螺杆或将氧气瓶的截门关闭，停止供气。不许采用弯折软管的方法来停止供气。

（6）乙炔和氧气软管在工作中应防止沾上油脂或触及金属溶液。禁止把乙炔及氧气软管放在高温管道和电线上，或把重的或热的物体压在软管上，也不许把软管放在运输道上。不许把软管和电焊用的导线敷设在一起。

6. 焊枪

（1）焊枪在点火前，应检查其连接处的严密性及其嘴子有无堵塞现象，如有堵塞应用黄铜针剔通，不许用钢丝剔通，以免扩大其孔眼直径或损坏其边缘。

（2）焊枪点火时，应先开氧气门，再开乙炔气门，立即点火，然后再调整火焰。熄火时与上述操作相反，即先关乙炔气门，后关氧气门，以免回火。

（3）焊工工作地点附近，应经常有冷水，以便冷却焊嘴。

（4）由于焊嘴过热堵塞而发生回火或多次爆鸣时，应尽快将乙炔气门关闭，再关闭氧气门，然后将焊嘴浸入冷水中。

（5）焊工不准将正在燃烧中的焊枪放下；如有必要时，应先将火焰熄灭。

（6）焊枪的氧气门或乙炔气门有毛病时，应立即修理。

第二节　气焊与气割的安全

一、气焊和气割常用气体燃爆特性

1. 乙炔

乙炔是最简单的炔烃，易燃气体。在液态和固态下或在气态和一定压力下有猛烈爆炸的危险，受热、震动及电火花等因素都可以引发爆炸，因此不能在加压液化后储存或运输。难溶于水，易溶于丙酮，在 15℃和总压力为 15 个大气压时，在丙酮中的溶解度为 237g/L，其溶液是稳定的。因此，工业上是在装满石棉等多孔物质的钢桶或钢罐中，使多孔物质吸收丙酮后将乙炔压入，以便储存和运输。

（1）基本信息　中文名称：乙炔。英文名称：acetylene。CAS号：74-86-2。分子式：C_2H_2。结构式：H—C≡C—H（直线型）。结构简式：HC≡CH。分子量：26.0373。

（2）物理性质

a. 性状：无色无味气体，工业品有使人不愉快的大蒜气味。

b. 熔点：−81.8℃（119kPa）。

c. 沸点：−83.8℃（升华）。

d. 相对密度（水=1）：0.62（−82℃）。

e. 相对蒸气密度（空气=1）：0.91。

f. 饱和蒸气压：4460kPa（20℃）。

g. 燃烧热：−1298.4kJ/mol。

h. 临界温度：35.2℃。

i. 临界压力：6.19MPa。

j. 辛醇/水分配系数：0.37。

k. 闪点：−17.7℃。

l. 引燃温度：305℃。

m. 爆炸上限：82%。

n. 爆炸下限：2.5%。

o. 溶解性：微溶于水，溶于乙醇、丙酮、氯仿、苯，混溶于乙醚。

（3）储存注意事项　乙炔的包装法通常是溶解在溶剂及多孔物中，装入钢瓶内。储存于阴凉、通风的易燃气体专用库房。远离火种、热源。库温不宜超过30℃。应与氧化剂、酸类、卤素分开存放，切忌混储。采用防爆型照明、通风设施。禁止使用易产生火花的机械设备和工具。储区应备有泄漏应急处理设备。

（4）主要用途

① 用于制取乙醛、乙酸、丙酮、季戊四醇、丙炔醇、1,4-丁炔二醇、1,4-丁二醇、丁二烯、异戊二烯、氯乙烯、偏氯乙烯、三氯乙烯、四氯乙烯、乙酸乙烯酯、甲基苯乙烯、乙烯基乙炔、乙烯基乙醚、丙烯酸及其酯类等。

② 用于金属焊接或切割，也用于氧炔焊割。并用于夜航标志灯和一般灯，大量用作石油化工原料，如制造聚氯乙烯、氯丁橡胶、乙酸、乙酸乙烯酯等。

③ 有机合成的重要原料之一，亦是合成橡胶、合成纤维和塑料的单体。

（5）性质与稳定性

① 乙炔具有麻醉作用，其麻醉性比单烯烃强得多。高浓度乙炔气爆炸危险性比毒性事故大。乙炔有阻止氧化的作用，使脑缺氧，引起昏迷麻醉，但对生理机能没有影响。吸入高浓度乙炔后，呈现酒醉样兴奋，能引起昏睡、紫绀、瞳孔发直、脉搏不齐等。苏醒后有对相关事故的发生经过丧失记忆能力等症状。停止吸入即迅速好转。发生中毒时应迅速脱离中毒现场，进行治疗。此外，应注意乙炔中常含有的磷化氢和砷化氢等杂质引起的中毒。

② 与空气形成爆炸性混合物。

③ 性质很活泼，能发生加成反应和聚合反应。

④ 在氧气中燃烧可产生高温和强光。

⑤ 稳定性：稳定。

⑥ 禁配物：强氧化剂、碱金属、碱土金属、重金属，尤其是铜、重金属盐、卤素。

⑦ 聚合危害：聚合。

⑧ 分解产物：碳、氢。

（6）三键中含有化学能，乙炔在压力超过 100kPa 时会发生分解反应，此反应为放热反应，因此可引发剧烈的爆炸。液态或固态乙炔也会发生相同的分解反应，因此高压乙炔必须溶解在丙酮或二甲基甲酰胺中，并置于含有多孔性材质的钢瓶中储存。

2. 液化石油气

随着石油化学工业的发展，液化石油气作为一种化工基本原料和新型燃料，已愈来愈受到人们的重视。在化工生产方面，液化石油气经过分离得到乙烯、丙烯、丁烯、丁二烯等，用来生产塑料、合成橡胶、合成纤维及生产医药、炸药、染料等产品。用液化石油气作燃料，由于其热值高、无烟尘、无炭渣，操作使用方便，已广泛地进入人们的生活领域。此外，液化石油气还用于切割金属，以及用于农产品的烘烤和工业窑炉的焙烧等。

（1）理化特性　成分：丙烷、丁烷较多；乙烯、丙烯、乙烷、丁烯等较少。外观与性状：无色气体或黄棕色油状液体，有特殊臭味。密度：液态 580kg/m³，气态 2.35kg/m³。闪点：−74℃。引燃温度：426～537℃。爆炸上限（体积分数）：9.5%。爆炸下限（体积分数）：1.5%。燃烧热：10650kJ/m³。

（2）主要用途　液化石油气主要用作石油化工原料，用于烃类裂解制乙烯或蒸气转化制合成气，也可作为工业、民用、内燃机燃料。其主要质量控制指标为蒸发残余物和硫含量等，有时也控制烯烃含量。液化石油气是一种易燃物质，空气中含量达到一定浓度范围时，遇明火即爆炸。

（3）组成成分　液化石油气是由烃类化合物所组成，主要成分为丙烷、丁烷以及其他烷系或烯类等。丙烷加丁烷占比超过 60%，低于这个比例就不能称为液化石油气。

（4）主要成分　液化石油气是炼油厂在进行原油催化裂解与热裂解时所得到的副产品。催化裂解气的主要成分如下：氢气 5%～6%，甲烷 10%，乙烷 3%～5%，乙烯 3%，丙烷 16%～20%，丙烯 6%～11%，丁烷 42%～46%，丁烯 5%～6%，含 5 个碳原子以上的烃类 5%～12%。

热裂解气的主要成分如下：氢气 12%，甲烷 5%～7%，乙烷 5%～7%，乙烯 16%～18%，丙烷 0.5%，丙烯 7%～8%，丁烷 0.2%，丁烯 4%～5%，含 5 个碳原子以上的烃类 2%～3%。这些烃类化合物都容易液化，将它们压缩到只占原体积的 1/25～1/33，储存于耐高压的钢罐中，使用时拧开液化气罐的阀门，可燃性的烃类化合物气体就会通过管道进入燃烧器。点燃后形成淡蓝色火焰，燃烧过程中产生大量热。并可根据需要调整火力，使用起来既方便又卫生。液化石油气虽然使用方便，但也有事故隐患。万一管道漏气或阀门未关严，液化石油气向室内扩散，当含量达到爆炸极限（1.7%～10%）时，遇到火星或电火花就会发生爆炸。为了提醒人们及时发现液化石油气是否泄漏，加工厂常向液化石油气中混入少量有恶臭味的硫醇或硫醚类化合物。一旦有液化石油气泄漏，立即闻到这种气味而采取应急措施。

(5) 物理特性 液化石油气气体的密度（单位体积的质量）是以 kg/m^3 为单位表示，它随着温度和压力的不同而发生变化。因此，在表示液化石油气气体的密度时，必须规定温度和压力条件。

液化石油气的密度受温度影响较大，温度上升密度变小，同时体积膨胀。由于液体压缩性很小，因此压力对密度的影响也很小，可以忽略不计。

由于在液化石油气的生产、储存和使用中，同时存在气态和液态两种状态，所以应该了解它的液态相对密度和气态相对密度。

液化石油气的气态相对密度，是指在同一温度和同一压力的条件下，同体积的液化石油气气体与空气的质量比。液化石油气气体各组分的相对密度，是用各组分的分子量与空气平均分子量之比求得，因为在标准状态下 1mol 气体的体积是相同的。

(6) 燃料优点 液化石油气（LPG）是指经高压或低温液化的石油气，简称液化气。其组成是丙烷、正丁烷、异丁烷及少量的乙烷、大于 C_5 的有机化合物、不饱和烃等。LPG 具有易燃易爆性、汽化性、受热膨胀性、滞留性、带电性、腐蚀性及窒息性等特点。

(7) 健康危害 液化石油气有麻醉作用。急性中毒时有头晕、头痛、兴奋或嗜睡、恶心、呕吐、脉缓等症状；重症者可突然倒下，尿失禁，意识丧失，甚至呼吸停止。可致皮肤冻伤。慢性影响：长期接触低浓度液化石油气，可出现头痛、头晕、睡眠不佳、易疲劳、情绪不稳以及自主神经功能紊乱等。

(8) 环境危害 对环境有危害，对水体、土壤和大气可造成污染。

(9) 危险特性 极易燃，与空气混合能形成爆炸性混合物。遇热源和明火有燃烧爆炸的危险。与氟、氯等接触会发生剧烈的化学反应。其蒸气比空气密度大，能在较低处扩散到相当远的地方，遇火源会着火回燃。

(10) 灭火方法 切断气源。若不能立即切断气源，则不允许熄灭正在燃烧的气体。喷水冷却容器，可能的话将容器从火场移至空旷处。灭火剂：雾状水、泡沫、二氧化碳。

(11) 泄漏应急处理　迅速撤离泄漏污染区人员至上风处，并进行隔离，严格限制出入。切断火源。建议应急处理人员戴自给正压式呼吸器，穿防护服。不要直接接触泄漏物。尽可能切断泄漏源，用工业覆盖层或吸附/吸收剂盖住泄漏点附近的下水道等地方，防止气体进入。合理通风，加速扩散。喷雾状水稀释。漏气容器要妥善处理，修复、检验后再用。

(12) 储运注意事项　LPG 为易燃压缩气体。储存于阴凉、干燥、通风良好的仓库内，仓库内温度不宜超过 30℃。远离火种、热源，防止阳光直射，应与氧气、压缩空气、卤素（氟、氯、溴）、氧化剂等分开存放。储存间内的照明、通风等设施应采用防爆型，开关设在仓库外。罐储时要有防火、防爆技术措施。禁止使用易产生火花的机械设备和工具。槽车运送时要灌装适量，不可超压超量运输。搬运时轻装轻卸，防止钢瓶及附件破损。

3. 压缩纯氧

(1) 压缩纯氧的危险性

① 气焊与气割用一级纯氧纯度为 99.2%，二级为 98.5%，满灌氧气瓶的压力为 14.7MPa。

② 氧气是强氧化剂，增加氧的纯度和压力会使氧化反应显著地加剧。金属的燃点随着氧气压力的增加而降低。

③ 当压缩纯氧与矿物油、油脂或细微分散的可燃粉尘（炭粉、有机物纤维等）接触时，由于剧烈的氧化升温、积热而能够发生自燃，造成火灾或爆炸。

④ 氧气几乎能与所有可燃性气体和蒸气混合而形成爆炸性混合物，这种混合物具有较宽的爆炸极限范围，多孔性有机物质（炭、炭黑、泥炭、羊毛纤维等）浸透液态氧（液态炸药），在一定的冲击力下，就会产生剧烈的爆炸。

(2) 压缩纯氧使用安全要求

① 严禁用压缩纯氧通风换气；

② 严禁作为气动工具动力源；

③ 严禁接触油脂和有机物；

④ 禁止用来吹扫工作服，以免引起燃烧和爆炸。

二、气焊焊炬与气割炬的安全使用

1. 焊炬

焊炬是气焊的主要工具，有时也用于气体火焰钎焊和火焰加热。焊炬可用来使可燃气体与氧气混合，产生适合气焊要求的、燃烧稳定的火焰。焊炬的分类，通常是按可燃气体与氧气在焊炬中混合的方式，可分为射吸式和等压式两种。

（1）射吸式焊炬 射吸式焊炬主要是靠喷射器（即喷嘴和射吸管）的射吸作用来调节氧气和乙炔的流量，保证乙炔与氧气的混合气体具有固定放热成分，使火焰稳定燃烧。由于在这种焊炬中，乙炔的流动主要是靠氧气的射吸作用，因此，不论使用低压乙炔或中压乙炔，都能保证焊炬的正常工作。

（2）等压式焊炬 乙炔具有与氧气相等或接近相等的压力。乙炔依靠自己的压力便能直接与氧气混合，来产生稳定的火焰。等压式焊炬结构简单，只要进入焊炬的气体压力不变，混合气体的成分也将不变，能更好地保证火焰的稳定。由于乙炔压力高，回火的可能性比射吸式焊炬小。等压式焊炬需使用中压或高压乙炔，而我国使用低压乙炔较多，因而，等压式焊炬还没有得到广泛使用。

2. 割炬

割炬是氧-乙炔气体火焰进行切割的主要工具。割炬能使可燃气体与氧气混合，形成一定热能和形状的预热火焰，并能在预热火焰中心喷射切割氧气流，以便进行切割。常用的割炬分为射吸式和等压式两种。

（1）射吸式割炬 这种割炬是在射吸式焊炬的基础上，增加了切割氧的气路及阀门，并采用了专门的割嘴。割嘴的中心是割炬氧的通道，预热火焰均匀地分布在它的周围。根据割嘴的具体结构不同，嘴头又分为组合式（环形）和正体式（梅花形）。射吸式割炬可使用中压乙炔，也可使用低压乙炔，因而得到广泛应用。射吸式割炬见图 2-4。

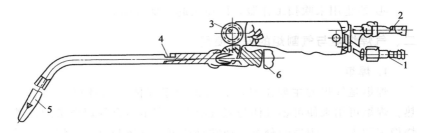

图 2-4　射吸式割炬

1—氧气导管；2—乙炔导管；3—乙炔调节手轮；4—混合气管；

5—焊嘴；6—氧气调节手轮

（2）等压式割炬　等压式割炬预热火焰是按等压式焊炬的原理形成的。乙炔、预热氧和切割氧分别由单独的管道进入割嘴，预热氧和乙炔在割嘴内开始混合，产生预热火焰。等压式割炬具有专门的等压割嘴，并需使用中压或高压乙炔，火焰燃烧稳定，不易回火。等压式割炬见图 2-5。

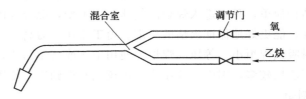

图 2-5　等压式割炬

3. 气焊焊炬与割炬的安装

① 根据焊件厚度选择适当的焊炬及焊嘴。用扳手将焊嘴拧紧，焊炬中的氧气进入气管接头时必须与氧气带连接牢固。乙炔进入气管接头时与乙炔带的连接应避免太紧，一般以不漏气并容易插上或拔下为宜。

② 对射吸式焊炬，应检查其射吸性能。检查时，先接上氧气胶管，不接乙炔胶管，再打开乙炔阀和氧气阀，用手指按在乙炔气管接头上，若手指上感到有足够的吸力，则表明射吸能力是正常

的；如果没有吸力，甚至氧气从乙炔气管接头中倒流出来，则说明射吸能力不正常，必须进行修理，否则严禁使用。对等压式焊炬，还应检查各气体通路是否有堵塞现象。

③ 将各气阀关闭，检查焊嘴及各气阀处有无漏气现象。

以上检查合格后才能点火。其中，射吸能力的检查应经常进行。

4. 气焊焊炬与割炬的操作

（1）点火时应把气阀稍稍打开，然后打开乙炔阀，点火后立即调整火焰，使火焰达到正常形状。如果火焰调整得不正常或有灭火现象，应检查是否漏气或管路被堵塞，并进行修理。也可在点火时先打开乙炔阀点火，使乙炔燃烧并冒烟灰，此时，立即开氧气阀调节火焰。此法的缺点是稍有烟灰，影响卫生。但优点是当焊炬不正常，点火并开始送氧气后发生回火时，便于立即关闭氧气，防止回火爆炸。

（2）焊、割炬停止使用时，应先关闭乙炔阀，然后关闭氧气阀，以防止火焰倒袭和产生烟灰。当发生回火时，应迅速关闭氧气阀，然后再关闭乙炔阀。等回火熄灭后，应将焊嘴放在水中，待焊嘴冷却后，打开氧气阀，吹除焊炬内的烟灰，然后点火使用。

（3）焊炬的各气体通路均不许沾染油脂，以防氧气遇到油脂燃烧爆炸。

（4）在使用过程中，如发现气体通路或气阀有漏气现象，应立即停止工作，消除漏气后，才能继续使用。

（5）气焊焊炬使用时禁止放炮（"叭叭"响声）和连续灭火。放炮是因为焊炬使用时间过长，乙炔中的杂质，特别是氢氧化钙等烟灰在射吸管内壁附着太厚，这不仅影响了乙炔的畅通，更为严重的是影响氧气射流射吸能力的发挥。消除时，要用比射吸管孔径小一些的齐头钢丝刮吹里面的烟灰，特别是射吸管孔端部 10mm 处，更要清除干净。

（6）气焊焊炬使用时禁忌没有射吸能力和逆流现象。产生的原因主要是射吸管孔处有杂质或焊嘴堵塞。如果焊嘴没有堵塞，应把乙炔橡胶管卸下来，用手堵住焊嘴，开启氧气调节阀使之倒流，将杂质从乙炔管接头吹出。必要时，可将混合气管卸下来，清除内部杂质。如果焊嘴堵塞，可用钢丝通针及砂布将飞溅物清理干净。

（7）气焊焊炬使用时禁忌点燃后的火焰时大时小。火焰时大时小是由于氧气阀针杆的螺纹磨损，乙炔聚集在喷嘴的外围。由于氧射流负压的作用，聚集在喷嘴外围的乙炔很快被氧气吸入射吸管和混合气管，并从喷嘴喷出。射吸式焊炬的特点是利用喷嘴的射吸作用，使高压氧气（0.1～0.8MPa）与压力较低的乙炔（0.001～0.1MPa）均匀地按一定比例（体积比约为1∶1）混合，并以相当高的流速喷出，所以不论是低压乙炔，还是中压乙炔，都能保证焊炬的正常工作。

（8）气焊割炬使用时，除了气焊焊炬那些禁忌的事项外，还应注意以下几点。

① 回火时应立即关闭切割氧和预热氧阀，然后关闭乙炔。在正常工作停止时，应先关闭切割氧，再关闭乙炔和预热氧阀门。

② 割嘴通道应经常保持清洁、光滑，孔道内的污物应随时用通针清除干净。

③ 割炬除与焊炬一样发生漏气和堵塞等故障外，常出现的还有环形割嘴的内嘴与外嘴偏心和风线不直。这时，应将外嘴卸下，按偏心的方向轻轻地用木棒击打外套肩部，校正内嘴和修正风线，调整同心度后再继续使用。

④ 点火后将火焰调整正常，打开高压氧气时立即灭火，其原因是嘴头和割炬结合面密封不严。处理方法：将嘴头紧住。如果无效，再拆下嘴头，用细砂纸放在手心上轻轻地研磨嘴头端面，直到配合严密。

⑤ 点火后，开预热氧气阀调整火焰时立即灭火，其原因是混合室存有脏物或喇叭口接触不严，以及嘴头内外圆间隙配合不当。处理方法：将混合室螺钉拧紧。无效时，再拆下混合室，清除灰尘及脏物或调整嘴头内外的间隙。

⑥ 火焰调整正常后，嘴头发出有节奏的"叭叭"响声，同时，

火焰还不灭，而切割氧开得过大时，立即灭火；少开切割氧时，火焰不灭，而且还能工作。其原因是嘴芯漏气。处理方法：拆下嘴子外套，轻轻拧紧嘴芯便可。

三、气焊、气割火焰性质的选择

气焊火焰是由可燃气体与氧气混合燃烧而形成的。可燃气体有乙炔、石油气、天然气等，目前在气焊中以乙炔为主。乙炔与氧气混合燃烧而形成的火焰，叫作氧-乙炔焰（简称氧炔焰或氧焰）。

氧-乙炔焰根据氧气与乙炔的不同比值，可分为中性焰、碳化焰和氧化焰三种。

1. 气焊火焰性质的选择

火焰性质是根据焊件材料的种类及其性质来选择的。一般来说，气焊时对于需要尽量减少元素烧损和增碳的材料，应选用中性焰；对于允许和需要增碳及还原气氛的材料，可选用碳化焰；而对于母材含有低沸点元素（Sn 等）的材料，以及需要生成氧化物薄膜，覆盖在熔池表面，以保护这些元素不再蒸发的材料，则应选择氧化焰。例如，低碳钢和低合金钢焊接时要求使用中性焰；灰铸铁焊接、高碳钢和硬质合金堆焊时应选用碳化焰；而黄铜焊接时，为防止锌的蒸发应使用氧化焰。焊缝金属的质量和焊缝的强度与火焰的性质有关。因此，在整个焊接过程中应不断地调节火焰成分，保持火焰性质，以得到满意的焊接接头。

2. 中性焰的使用

在火焰的内焰区域，基本上没有自由氧及自由碳存在的气体火焰为中性焰，中性焰中氧气与乙炔的比值为 $1\sim1.2$。火焰由焰心、内焰（微微可见）、外焰三部分组成。焊接时常常应用乙炔稍多的中性焰，这种中性焰有时也被称为轻微碳化焰。

当焊炬点燃后，逐渐增加氧气，火焰由长变短，颜色由淡红色变为蓝白色，焰心、内焰及外焰的轮廓都显得特别清楚时，即为标准的中性焰。在焊接过程中，由于种种原因，火焰的性质随时有改变的可能。因此，要随时注意调整，使中性焰在焰心与内焰之间。

燃烧生成的一氧化碳、氢气与熔化金属相作用，使氧化物还原。

一般低碳钢、中碳钢、低合金钢、不锈钢、铜、铝、镍、铅、锡等有色金属材料多采用该火焰进行焊接。

3. 碳化焰的使用

在中性焰的基础上减少氧气或增加乙炔可以得到碳化焰。这时火焰变长，焰心轮廓不清。乙炔过多时，会产生黑烟。焊接时所用的碳化焰其内焰长度一般为焰心长度的 2～3 倍。这个倍数是几倍，这时的火焰就可以叫作几倍碳化焰，如 2 倍碳化焰、3 倍碳化焰。碳化焰的渗碳或保护作用随着这个倍数的提高而提高。碳化焰是在火焰的内焰区域中有自由碳存在的气体火焰。氧气与乙炔的比值小于 1，整个火焰比中性焰长。

碳化焰中过剩的乙炔分解为碳和氢。游离状态的碳会渗到熔池中去，增大焊缝的含碳量。用该种火焰焊接低碳钢，会改变焊缝金属的力学性能，使焊缝的塑性降低。另外，过多的氢会进入熔池，使焊缝产生气孔及裂纹。因此，低碳钢以及低合金钢的焊接不用碳化焰。但在焊接高碳钢、高速钢、灰铸铁、蒙乃尔合金、硬质合金等材料时，则可有效利用碳化焰补充焊接过程中烧损的碳元素。

4. 氧化焰的使用

氧化焰是在中性焰的基础上逐渐增加氧气形成的，这时整个火焰将缩短，当听到有"嗖嗖"的响声时便是氧化焰。氧化焰具有氧化性质。它是在火焰的内焰区域中有自由氧存在的气体火焰。氧气与乙炔的体积比值大于 1.2，氧化反应剧烈，因此焰心、内焰及外焰及整个火焰都缩短了，而且内焰及外焰层次极为不清。

氧化焰中主要存在游离状态的氧气、二氧化碳及水蒸气。因此，整个火焰具有氧化性。如果用来焊接一般的钢件，则焊缝中的气孔和氧化物是较多的；同时，熔池产生严重的沸腾现象，使焊缝的性质变脆变坏，严重地降低焊缝质量。因此，采用氧化焰焊接一般钢件是不合适的。但在焊接青铜、黄铜时，为了防止锌等低熔点合金元素的蒸发，可采用氧化焰使焊缝表面形成氧化膜。

5. 火焰温度的选择

改变氧气与乙炔的混合比值，可得到不同性质的火焰。正确地调整及选用气焊火焰，对保证焊接质量非常重要，所以在焊接时，应根据不同的材料，对火焰进行合理的选用，以得到理想的焊接质量。火焰温度的高低与可燃气体的混合比有关。各种成分的火焰其温度是各不相同的。

① 火焰温度与混合气体的成分及混合气体的喷射速度有关。当氧气与乙炔的混合比值等于 1.2～1.5 时温度最高。喷射速度越大，则火焰温度越高。

② 火焰的温度沿着火焰的轴线而变化。火焰温度最高处是在距离焰心末端 2～4mm 的范围内，离此处越远，火焰温度越低。

③ 氧-乙炔火焰的混合比。氧-乙炔火焰的混合比值等于 1～1.2 时，内焰的最高温度为 3050～3100℃。

④ 在火焰横向断面上的温度也是不同的。断面中心温度最高，越靠近边缘，温度越低。

6. 气焊、气割火焰能率的选择

(1) 火焰能率以单位时间混合气体的消耗量（单位为 kg/h）表示。火焰能率的大小要根据焊件的厚度、金属材料的性质（熔点及导热性等）以及焊件的空间位置来选择。焊接厚度较大、熔点较高、导热性好的焊件时，要选用较大的火焰能率，才能将母材熔透。焊接小件、薄件或是立焊、仰焊等时，火焰能率就要适当地减小，才不至于使焊接组织过热。在实际工作中，视具体情况要尽量采取较大一些的火焰能率，以提高生产率。火焰能率是由焊炬型号及焊嘴号的大小来决定的。焊嘴孔径越大，火焰能率也就越大；反之则小。

(2) 焊嘴的倾斜角度（焊嘴倾角）是指焊嘴与焊件间的夹角（见图 2-6）。焊嘴倾角的大小，要根据焊件厚度、焊嘴大小及施焊位置来确定。若焊嘴倾角大，则火焰集中，热量损失小，工件受热量大，升温快；若焊嘴倾角小，则火焰分散，热量损失大，工件受热量小，升温慢。

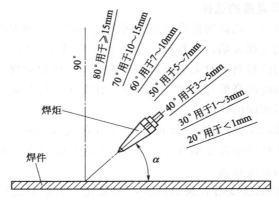

图 2-6　焊嘴的倾斜角度及适用焊件厚度

　　根据以上叙述，在焊接厚度较大、熔点较高、导热性较好的工件时，焊嘴倾角就要大些；反之，在焊接厚度较小、熔点较低、导热性较差的工件时，焊嘴倾角就要小些。以上仅是基本的原则，并非一成不变。在焊接过程中应不断地调节火焰成分，保持火焰性质，以得到满意的焊接接头。

四、板材气焊的操作

1. 气焊焊接方向的选择

　　（1）左焊法　在气焊中，焊丝与焊炬都是从焊缝右端向左端移动，焊丝在焊炬前进方向的前面。火焰指向焊件金属的未焊部分的操作方法称为左焊法（也叫左向焊法），如图 2-7 所示。这种方法操作简单、方便，容易掌握，适于焊接 3mm 以下的薄板和熔点较低的焊件。左焊法是应用最普遍的气焊方法。

　　（2）右焊法　在气焊中，焊丝与焊炬从焊缝的左端向右端移动，焊丝跟在焊炬后面，火焰指向金属已焊部分的操作方法称为右焊法（也称右向焊法），见图 2-8。

　　这种焊法比较难掌握，焊工一般不习惯采用。其特点是在焊接过程中火焰始终笼罩着已焊的焊缝金属，使熔池冷却缓慢，有助于改善焊缝的金属组织，减少产生气孔、夹渣的可能性。此外，这种

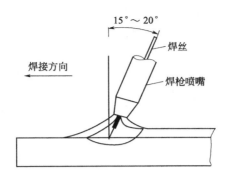

图 2-7 左焊法示意图

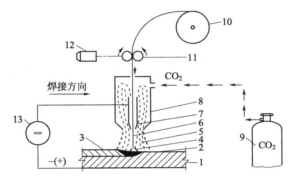

图 2-8 右焊法实芯 CO_2 气体保护焊示意图

1—母材；2—熔池；3—焊缝；4—电弧；5—CO_2 保护区；6—焊丝；7—导电嘴；
8—喷嘴；9—CO_2 气瓶；10—焊丝盘；11—送丝滚轮；
12—送丝电动机；13—直流电机

焊法还有热量集中、熔透深度大、熔化金属与母材结合牢固等优点，所以适合焊接厚度较大、熔点较高的焊件。

2. 焊炬和焊丝的摆动

在焊接过程中，为了获得优质美观的焊缝，焊炬和焊丝应做均匀协调的摆动。通过摆动，既能使焊缝金属熔透熔匀，又避免了焊缝金属的过热或过烧。在焊接某些有色金属时，还要不断地用焊丝搅动金属熔池，以利于熔池中各种氧化物及有害气体的排出。

　　焊炬的摆动基本上有三种动作：①向前移动；②沿焊缝做横向摆动；③打圆圈摆动。而焊丝除了以上①、②外，主要是做上下跳动，即焊丝末端在高温区和低温区之间做往复跳动，必须均匀协调，不然就会造成焊缝高低不平、宽窄不匀等现象。焊炬和焊丝的摆动方法与幅度，主要与焊件厚度、性质、空间位置及焊缝尺寸有关。平焊时焊炬和焊丝常见几种摆动方法示意图见图 2-9。

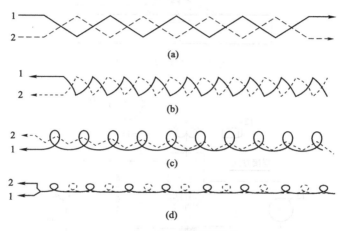

图 2-9　摆动方法示意图

1—焊丝的摆动；2—焊炬的摆动

3. 跳焊法和退焊法的操作

　　在气焊 2mm 以下的薄板时，可采用焊前不进行定位焊的方法。根据焊件的厚度、宽窄和长度的不同，焊前使焊件的对缝间隙张开一定的角度，即给焊缝留出一定的收缩余量，利用焊接过程中焊缝的自由收缩，可控制对接缝的熔池附近始终具有较小的间隙。在焊接过程中，由于变形，两块板会出现高低不平的现象，这时可采用夹具夹紧的办法（刚性固定法）避免。

　　采用这种焊前不进行定位焊的方法施焊，对收缩量预留的大小主要是凭经验来确定，事先往往不一定能留得恰当，有时会出现焊接速度与收缩快慢配合不好的现象。若收缩速度大于焊接速度时，应在保证质量的前提下加快焊接速度；若收缩速度小于焊接速度时，则应适当减慢焊接速度或稍加停顿，待焊缝收缩到一定空隙后再继续施焊。有时也可采用在 V 形对接焊缝中加一个楔子的方法，来限制对接焊缝间隙收缩的快慢。其做法是随着焊缝的前进，逐步使楔子后退，直至焊完。

　　这种方法的优点是可以防止和减小焊件在焊接过程中产生纵向和横向收缩所引起的鼓包，焊后可得到较平整的焊件，但要求操作熟练，可按照图 2-9 所示的摆动方法进行操作，但实际焊接时并不是那么死板，要根据具体情况灵活运用。

4. 薄板对接平焊气焊的操作

　　（1）薄板焊前的准备

　　① 试件。一般采用厚度小于 6mm 的 Q232 钢，试件加工尺寸为 300mm×125mm，坡口加工角度为 30°±1°（厚度小于 2mm 时可开 I 形坡口）。

　　② 试件的清理。试件组对前将坡口正反两侧各 20mm 范围内的铁锈、油污等清理干净，使之呈现金属光泽，并用锉刀锉出所需的钝边（0.5～1mm）。

　　③ 焊接材料及焊接工具的选择。使用气焊专用焊丝，使用前应清理焊丝表面的铁锈和油污，焊丝牌号为 H08MnA，焊丝直径为 2.5mm，焊炬规格为 H01-6。

　　④ 试件组对间隙为 2～2.5mm，钝边厚度为 0.5～1mm。定位焊时所采用的焊接参数与正式焊接时相同，定位焊缝位于两端，其焊缝长度为 15～20mm。定位焊后，试件不得有错边现象。焊接层次及火焰性质选择见表 2-2。

表 2-2　焊接层次及火焰性质选择

焊接层次	焊丝直径/mm	焊炬规格及焊嘴型号	火焰性质
1	2.5	H01-6，3 号焊嘴	中性焰或轻微碳化焰
2	2.5	H01-6，3 号焊嘴	中性焰
3	2.5	H01-6，3 号焊嘴	中性焰

（2）薄板对接平焊操作

① 施焊。先将被焊处适当加热，然后将熔池烧穿，形成一个熔孔，这个熔孔一直保持到焊接结束。形成熔孔的目的有两个：一是使根部熔透，以得到双面成形；二是通过控制熔孔的大小还可以控制熔池的温度，熔孔的大小控制在等于或稍大于焊丝直径为宜。平焊时焊丝与焊炬的角度及摆动方法示于图 2-10。

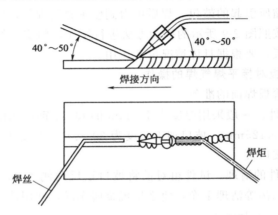

图 2-10　平焊时焊丝与焊炬的角度及摆动方法

② 熔孔形成后，开始填充焊丝。施焊过程中，焊炬不做横向摆动，而只在熔池和熔孔间做微微前后摆动，以控制熔池温度。若熔池温度过高时，为使熔池得以冷却，此时火焰不必离开熔池，可将火焰的高温区焰心朝向熔孔。这时外焰仍然笼罩着熔池和近缝区，保护液体金属不被氧化。

③ 打底焊时火焰能率。火焰能率比其他焊接的表面积略大一点，平焊操作比较容易掌握，只要正确地选用气焊参数，焊接质量就容易得到保证。

5. 薄板对接立焊气焊的操作

立焊是比较困难的一种焊接，主要困难是熔池内液态金属容易往下流，焊缝较难成形，高低、宽窄不易控制，较难得到均匀平整的焊波。立焊熔孔的控制和加丝的方法与平焊基本相同。另外，立焊操作时还要注意下列几点。

（1）焊嘴及火焰能率较平焊时要适当小些，但打底层时火焰能率应比平焊略大一些，以保证背面有足够的余高。

（2）焊嘴要向上倾斜，并与焊件成60°的夹角，熔池的面积不要太大，应随时掌握熔池温度的变化情况，控制熔池形状，使熔池金属受热适当，防止液态金属下流。立焊时焊丝与焊炬的角度及摆动方法见图2-11。

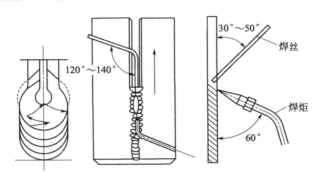

图2-11　立焊时焊丝与焊炬的角度及摆动方法

6. 薄板对接横焊气焊的操作

焊件在横焊位置进行的焊接称为横焊。横焊操作也是比较难掌握的，其主要问题是熔池金属的下坠，使焊缝上边形成咬边，下边形成焊瘤。熔孔的控制和加丝的方法与平焊、立焊基本相同，横焊时除了选用较小的火焰能率外，还要掌握如下要领。

① 应适当控制熔池温度。焊嘴应向上倾斜，火焰与焊件间的夹角控制在65°～75°范围内（见图2-12），利用火焰吹力托住熔化金属而不使它下流。

② 焊接时焊丝要始终浸在熔池中，并不断地把熔化金属向熔池上边推去，焊丝来回做半圆形摆动，并在摆动过程中被焊炬加热熔化，免得熔化金属堆积在熔池下边而形成咬边及焊瘤等缺陷。

7. 薄板对接仰焊气焊的操作

焊接热源位于焊件下方，焊工在仰焊位置所进行的焊接称为仰

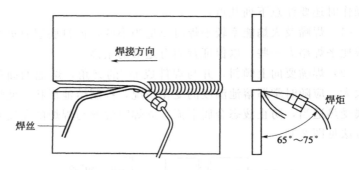

图 2-12　横焊时的焊丝与焊炬的角度示意图

焊。仰焊操作技术最难掌握，其主要问题是熔化金属的下坠，难以形成满意的熔池及理想的焊缝质量。熔孔的控制和加丝的方法与平焊、立焊基本相同，仰焊操作的基本要领如下。

① 焊嘴要向前倾斜，并与焊接方向成 60°～80°的夹角。熔池的面积不要太大，应随时掌握熔池温度变化情况，控制熔池形状，使熔池金属受热适当，防止液态金属下流。仰焊时焊丝与焊炬的角度及摆动方法见图 2-13。要采用较小的火焰能率，选用较细的焊丝。

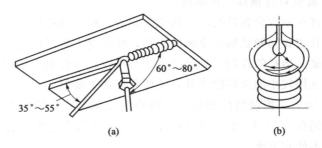

图 2-13　仰焊时焊丝与焊炬的角度及摆动方法

② 适当地控制熔池温度。温度过高，容易形成液态金属的下流，甚至滴落；温度过低，焊缝熔合不良或夹渣。

③ 采用多层焊接。焊接开坡口或较厚的焊件时，若一次焊满，较难得到理想的熔深，理想熔深程度及成形美观的焊缝，则应采用

多层焊。第一层主要是保证焊透，第二层是控制焊缝两侧熔合良好，与母材过渡均匀，使焊缝成形美观。采用多层焊有利于防止熔化金属的下坠。

五、管材气焊的操作

1. 低碳钢管对接水平固定全位置气焊的操作

（1）焊前准备

① 对一般管子的气焊，当壁厚小于 2mm 时，可不开坡口；当壁厚大于 2mm 时，为使焊缝全部焊透，需将管子开成 V 形坡口，并留有钝边。试件组对间隙为 2～2.5mm，钝边厚度为 0.5～1mm。定位焊时所采用的焊接参数与正式焊接时相同，定位焊缝在水平位置两侧，定位焊缝长度为 15～20mm。定位焊后，试件不得有错边现象。

② 管子水平固定对接时，钝边和间隙的大小均要适当，不可过大或过小。钝边太大及间隙太小时，焊缝不易焊透，降低了接头强度；钝边太小及间隙太大时，容易烧穿，使管子内壁产生焊瘤，减小了管子的有效截面。所以，对管子的气焊要求是既要焊透，又要防止烧穿产生焊瘤。接头一般可焊两层。应防止焊缝内、外表面凹陷及过分凸出，焊缝的余高不得超过管子外壁表面 2mm（或管壁厚度的1/4），其宽度应盖过坡口边缘的 1～2mm，并应均匀平滑地过渡到基体金属。

③ 清理杂质。试件组对前将坡口正反两侧各 20mm 范围内的铁锈、油污等清理干净，使之发出金属光泽，并用锉刀锉出所需的钝边（0.5～1mm）。

④ 焊接材料及焊接工具的选择。使用气焊专用焊丝，使用前清理焊丝表面的铁锈及油污，焊丝牌号为 H08MnA，焊丝直径为 2.5mm，焊炬规格为 H01-6。

（2）低碳钢管对接水平固定全位置焊的操作　低碳钢管对接水平固定的气焊比较困难，原因是在操作上它同时包括了平、立、仰三种焊接位置，故钢管水平固定焊也称为全位置焊。在施焊中，应随着焊缝空间位置的改变，保持不改变焊炬及焊丝的夹角。焊丝与焊炬的夹角，通常应保持为90°，焊炬、焊丝与焊件间的夹角一般为45°。但根据管壁的厚薄和熔池形状变化的情况，在实际工作中可以适当地调整和灵活掌握，以保持不同位置时的熔池形状，使之既熔深熔透，又不至于过烧和烧穿。尤其在仰焊（特别是仰爬坡位置）时，焊炬和焊丝更要配合得当，同时焰心要不断地离开熔池，严格控制熔池温度，以使焊缝不至于过烧和形成焊瘤。

水平固定管焊接时，应先进行装配、定位焊、点固，后进行焊接。定位焊所用焊接材料与正式施焊时一样。为方便焊接，将管子沿垂直中心线分成前后两半圆。当焊前半圆时，起点、终点都要超过管子的垂直中心线，其超出长度一般为5～10mm。当焊后半圆时，起点和终点都要和前段焊缝搭接一段，以防止和避免起焊点和弧坑处产生缺陷。搭接的长度为10～20mm。对接水平固定管的焊丝、焊炬与焊件的角度见图2-14。

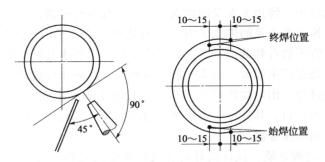

图2-14　对接水平固定管的焊丝、焊炬与焊件的角度

2. 低碳钢管对接垂直固定焊的操作

（1）低碳钢管对接垂直固定俯焊焊前准备

① 试件组对前，将坡口正反两侧各20mm范围内的铁锈、油污等清理干净，使之呈现金属光泽，并用锉刀锉出所需的钝边（0.5～1mm）。试件组对间隙为2～2.5mm。定位焊时所采用的焊接参数与正式焊接时相同，定位焊缝在试件对称两侧，其长度为15～20mm。定位焊后，试件不得有错边现象。

② 接头一般可焊两层，应防止焊缝内、外表面凹陷及过分凸出，焊缝的余高不得超过管子外壁表面 2mm（或管壁厚度的1/4），其宽度应盖过坡口边缘 1~2mm，并应均匀地过渡到基体金属。

③ 焊接材料应使用专用焊丝，焊丝牌号为 H08MnA，焊丝直径为 2.5mm，使用前清理焊丝表面的铁锈和油污。焊炬规格为 H01-6。

（2）低碳钢管对接垂直固定俯焊操作 对开有坡口的管子，采用左焊法需进行多层焊，由于管子垂直立放，接头为对接横焊，其操作特点与直缝横焊相同；所不同的是因随着环形焊缝的前进而不断地变换操作位置，以保持焊炬、焊丝和管子切线方向的夹角不变，便于更好地控制焊缝熔池形状。此时操作者也要随之变换操作位置。当操作不熟练，焊缝熔池形状控制不好时，会使焊缝高低不平、宽窄不匀，以及形成熔合不良、咬边和焊瘤等现象，尤其对直径较小的管子更是容易产生上述缺陷。

采用右焊法，对于壁厚在 5mm 以下的垂直立放管子对接的横缝，操作技术熟练的焊工可以做到单面双面成形一次焊成，可以大大提高工作效率。采用右焊法焊接时，火焰与焊接一般焊件时相同或稍小，采用中性焰或轻微碳化焰。对接垂直固定管的焊丝、焊炬与焊件的角度如图 2-15 所示。

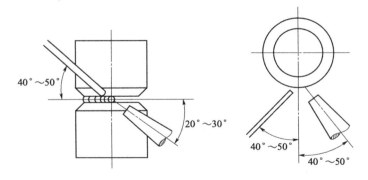

图 2-15 对接垂直固定管的焊丝、焊炬
与焊件的角度

（3）低碳钢管垂直固定俯焊的操作

① 始焊时，先将被焊接处适当加热，然后将熔池烧穿，形成一个熔孔，这个熔孔一直保持到焊接结束。形成熔孔的目的有两个：一是使管子根部熔透，以得到双面成形；二是通过控制熔孔的大小还可以控制熔池的温度，熔孔的大小可控制在等于或稍大于焊丝的直径为宜。

② 熔孔形成后，开始填充焊丝。施焊过程中，焊炬不做横向摆动，而只在熔池和熔孔间做微微前后摆动，以控制熔池温度。若熔池温度过高时，为使熔池得以冷却，此时火焰不必离开熔池，可将火焰的高温区焰心朝向熔孔。这时外焰仍然笼罩着熔池和近缝区，保护液体金属不被氧化。

③ 在施焊过程中，焊丝始终浸在熔池中，不停地往上运跳铁液。运跳范围不要超过管子对口下部坡口的 1/2 处，要在焊缝区范围上下运跳，否则容易造成熔滴下垂的现象。

④ 焊缝应一次焊接完成，焊接速度不可太快，必须将焊缝填满，并有一定的余高。

六、铸铁气焊的操作

铸铁一般以铸件形式应用于生产，但铸件经常会出现各种缺陷，需要修补好方可使用，所以，铸铁的焊接实际上就是铸铁的补焊。

1. 灰铸铁气焊的操作

（1）灰铸铁气焊补焊前的准备工作

① 检查缺陷。其方法是在灰铸铁清砂或去油以后，用 10 倍放大镜检查或进行煤油试验，也可用小锤子轻敲振动。对于汽缸等有密封要求的铸件，可进行水压试验，以检查渗漏处。

② 钻裂纹止裂孔。在裂纹的源头和末端钻有直径为 8～10mm 的止裂孔，如焊缝较长应每隔 80～100mm 打孔，目的是防止裂纹在焊接过程中扩展。

③ 开好合适的坡口。在焊接条件允许的情况下尽量减小坡口

角度，以减小焊缝的收缩应力。

④ 栽丝。焊件较厚时，为了增强焊缝的结合强度，可以在焊件的坡口内钻孔、攻螺纹后，把螺栓拧在坡口内，螺纹末端露出在熔化空间内，见图 2-16。补焊时，螺栓末端熔化在焊缝中，这样就使熔合区附近的应力主要由螺栓来承受，从而防止熔合区产生"剥离"。

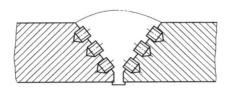

图 2-16　栽丝示意图

灰铸铁补焊时，其焊丝和焊剂的选择可参照表 2-3。灰铸铁补焊时，应选择较大规格的焊炬，以提高焊接火焰能率，有利于消除气孔、夹渣等缺陷。焊嘴孔径和氧气压力可根据补焊处的壁厚来选择，见表 2-4。

表 2-3　焊丝和焊剂的选择

焊丝牌号	焊剂牌号	化学成分（质量分数）/%					用途
		C	Mn	Si	S	P	
HS401A	QJ201	3.0~3.6	0.5~0.8	3.0~3.5	≤0.08	≤0.05	补焊灰铸铁
HS401B	QJ202	3.0~4.0	0.5~0.8	2.75~3.5	≤0.05	≤0.05	补焊灰铸铁

表 2-4　焊嘴孔径和氧气压力的选择

焊件厚度/mm	≤20	20~50
焊嘴孔径/mm	2	3
氧气压力/MPa	0.4	0.6

（2）灰铸铁气焊的补焊方法　灰铸铁补焊时必须使用中性焰或轻微碳化焰。常用的补焊方法有热焊法、加热减应区法和冷焊法三种。

① 热焊法。这种方法就是将焊件整体或局部加热到 600℃ 以上，然后开始补焊，并保证补焊过程中铸件温度不低于 400℃，补焊后需加热到 600℃ 以上消除应力并缓冷。加热方式可用焦炭地炉，其加热速度快，适用于加热形状简单的厚大铸铁件。也可用木柴、木炭砖炉，其加热速度缓慢而均匀，适用于加热中、小型复杂件。当然也可用煤气、丙烷气、氧-乙炔火焰或电进行加热。热焊法能保证质量，但需要一套加热设备，且焊工的劳动条件较差。

② 加热减应区法。这是一种利用金属热胀冷缩的特性，只加热铸件的某一局部，而使补焊区的应力大为减小，从而达到避免裂纹产生的焊接方法。它与热焊法所不同的是：热焊法需将焊件整体或大部分加热，并且补焊区同时被预热；而加热减应区法只用气焊火焰预热某一不大的局部减应区，补焊区有时可不必预热。

加热减应区可以选择一处或多处，应选择阻碍焊缝金属热胀冷缩的部位作为减应区，加热该部位后，就可以使焊缝金属及其他部位自由膨胀和收缩；加热减应区法与其他部位的联系不多，而且比较牢固，如边、角、棱等部位；加热减应区法应能很好地消除变形及应力；减应区加热后的变形应对其他部位没有太大的影响。采用加热减应区法补焊时应注意下列几点。

a. 气焊火焰停止使用时，焊嘴应对着空间或减应区，严禁对着铸件的其他不焊接区域，否则会产生很大的内应力，甚至会使补焊区出现裂纹。

b. 加热减应区的温度应以 500～600℃ 为宜，温度太高时，会使该区的性能降低。

c. 应在空气不流通的地方施焊，加热减应区法克服了热焊法的缺点，因而获得了广泛应用。

③ 冷焊法。这是在常温下进行补焊的一种方法，常用于铸件边、角、棱外小缺陷的补焊。

2. 铸铁气焊的操作安全

(1) 灰铸铁补焊时忌产生白口组织　灰铸铁补焊时，往往会在焊缝和母材交界的熔合线处生成一层 Fe_3C 组织，Fe_3C 硬度很高，使焊接接头的脆性增大，严重时会使整个补焊断面白口化，很难进行机械加工。产生白口的原因，一方面是由于补焊处的冷却速度快，来不及石墨化，使碳元素以游离石墨的形态析出；另一方面是由于 C、Si 等元素的烧损，加之焊丝选择不当，造成焊缝中石墨化元素不足。防止产生白口的措施如下：

① 减慢焊缝的冷却速度。延长熔合区处于红热状态的时间，促使石墨充分地析出，这是避免熔合区产生白口组织的主要工艺途径。采取的具体措施是焊前预热和焊后保温。

② 改变焊缝化学成分。增加石墨化元素的含量，可以在一定条件下防止焊缝金属产生白口组织。例如，气焊用铸铁焊丝中的碳、硅含量要比母材高 [$w(C)=3.0\%\sim3.8\%$，$w(Si)=3.6\%\sim4.8\%$]，特别是灰铸铁冷焊时，焊丝中 $w(Si)$ 可高达 4.5%。

（2）灰铸铁补焊忌产生裂纹　灰铸铁补焊时易产生较大的热应力和组织应力，由于灰铸铁塑性差，故在应力作用下经常会产生裂纹，这种裂纹一般在 400℃ 以下才产生，因此，通常称为热应力裂纹。

热应力裂纹有焊缝裂纹、母材开裂和热影响区裂纹三种。焊缝裂纹包括横向裂纹和纵向裂纹。裂纹生成时常会发出清脆的金属开裂声。通常裂纹发生在热态焊缝金属的暗红色消失以后，即 600℃ 以下，直到焊缝与焊件整体温度均匀化之前。最容易发生裂纹的温度是在 400℃ 以下。如果铸件整体温度均匀化以后没有发生裂纹，只要作用的外力或工作应力不太大，一般不会再开裂。

母材开裂是由于焊前不正确加热或补焊工艺选择不当而造成热应力过大，以致引起补焊区以外的铸件薄弱断面或形状突变处在拉应力作用下开裂。开裂时也伴有清脆的开裂声。

热影响区裂纹产生在熔合区和过热区之间，严重时会导致焊缝与母材分离，因此，也常称为剥离。如果焊缝强度较高而母材强度较低，或者结合处产生白口组织时，由于白口铸铁收缩率（1.6%～2.3%）比灰铸铁收缩率（0.9%～1.8%）大，且塑性也差，故容易产生剥离。预防热应力裂纹的措施如下：

① 采用热焊并控制好温度。当温度高于 600℃时，由于产生了一定的塑性变形，而使部分内应力得到消除，另外，由于温差形成的热应力也很小，所以在 600℃ 以上焊接时就不会产生热应力裂纹。

② 采用加热减应区法可使焊缝冷却时能不受阻碍地自由收缩，从而避免应力过大而导致裂纹。

③ 改变焊缝的化学成分和合金成分，使焊缝具有较好的塑性和较低的硬度，即具有良好的塑性变形能力，然后再和正确的工艺相配合，就可以有效地防止裂纹的产生。

（3）灰铸铁的补焊忌产生气孔　气焊灰铸铁时产生气孔的原因主要是焊缝冷却时，液态金属中的气体来不及逸出。补焊时采用中性焰或轻微碳化焰，操作时一方面把火焰稍微抬高一些，使熔池周围温度升高；另一方面将火焰围绕熔池慢慢地转动，使熔池中的气体能充分逸出，这样，就可以减少气孔的产生。

（4）灰铸铁的补焊忌产生难熔氧化物　灰铸铁中含有一定量的 Si，气焊时它会和 O_2 化合生成高熔点的氧化物，例如 SiO_2 等。这种氧化物覆盖在熔池表面，会阻碍焊接过程正常进行，所以灰铸铁补焊时，应使用熔剂将这些难熔氧化物除去，或者用焊丝端头把它拔出熔池。

（5）灰铸铁的补焊忌采用立、横、仰焊位置　由于灰铸铁的流动性很好，所以气焊时只能采用平焊而不宜进行其他位置的补焊。

第三节　乙炔发生器与气瓶安全

一、乙炔发生器安全技术特性

能使水和电石进行化学反应并产生一定压力乙炔气体的装置，称为乙炔发生器。乙炔发生器按压力分类：低压式，压力小于 0.007MPa；中压式，压力为 0.007~0.13MPa。乙炔发生器按电石与水接触方式的不同分为沉浮式、排水式、水入电石式和联合式等。

常用乙炔发生器的技术性能见表 2-5。乙炔发生器特性比较见表 2-6。

表 2-5　常用乙炔发生器的技术性能

名称	型号	类型	生产率/(m³/h)	乙炔工作压力/kPa	发气室最高允许温度/℃	电石粒度/mm	安全阀泄气压力/kPa	电石一次装入量/kg	容量/L	外形尺寸/mm	设备净重/kg
移动式中压乙炔发生器	Q3-0.5	排水式	0.5	45.2~100	92（乙炔）	25~50 50~80	115	2.4	30（水）	515×505×930	40
	Q3-1	排水式	1.0				110	5.0	65（水）	1245×675×1210	115
固定式中压乙炔发生器	Q3-3	排水式	3.0				110	13.0	330（水）	1050×720×1755	260
固定式双压挤压调压乙炔发生器	Q4-5	联合式	5.0	100~120，最大150	90（乙炔）60（水）	15~25	150	12.5	574（乙炔）338（水）	1450×1375×2180	750
	Q4-10	联合式	10.1	45~100，最大150	90（乙炔）60（水）	15~25 25~50 50~80	150	25.5	958（乙炔）818（水）	1700×1800×2690	930

表 2-6　乙炔发生器特性比较

种类	特征	优点	缺点
电石入水式	电石部分落入水中,与超量的水接触而反应	电石可全部与水作用,效率达 90%,温度低	结构复杂,体积大,水中有大量电石灰渣
水入电石式	定量的水侵入电石中,在不足的水中反应,电石灰成糊状	构造简单,便于管理,体积不大,渣不多	电石可能未完反应,效率低,易过热
电石离水式	电石固定性入水,经一定时间即离开水面	构造简单,完全自动化,过剩气体少	乙炔可能过热,添电石、出渣都稍不便
乙炔排水式	周期性注水浸没电石,当产生乙炔到一定压力时,将水压离电石	构造简单,完全自动化,过剩气体少	乙炔可能过热,添电石、出渣不方便

1. 乙炔发生器的布置原则

　　移动式乙炔发生器可以安置在室外或通风良好的室内。严禁安置在锻打、铸造和热处理等加工车间和正在运行的锅炉房内。固定式乙炔发生器应布置在单独的房间或专用棚内。乙炔发生器不应布置在高压线下和起重机械滑线处,也不准布置在靠近空气压缩机处、通风机的吸口处、避雷针接地导体附近以及可能由高处(如烟囱、高空作业点等)飞出烟火和受坠落物打击处。乙炔发生器与明火、散火花的地点、高压电源线以及其他热源应保持水平距离10m 以上。不准安放在剧烈震动的工作台和设备上。夏季使用移动式乙炔发生器时,严禁在烈日下暴晒。

2. 使用前的准备工作

　　(1) 首先应检查乙炔发生器的回火防止器、安全阀、泄压膜、压力表、水位计和温度计、管路、阀门、操纵机构等是否完好,确认正常后才能灌水和加入电石。乙炔发生器必须设有符合要求的水封安全器,否则禁止使用。浮筒式乙炔发生器应装有橡胶薄膜,在水筒上装刀刃,当浮筒爆起时能刺破薄膜。不准用重物压着乙炔发生器的气室。乙炔发生器可能发生爆炸的各部位(如发气室、回火防止箔片和储气室等）都应当安装膜片厚度为 0.15～6.20mm 的铝箔泄压膜。铝箔片应刻刀痕或压花，以保证爆破时可靠破裂。

（2）灌水必须按规定加足水量，水质要好，应是没有油污或其他杂质的洁净水。

（3）装电石应根据各类发生器要求定量投装，不能过满。防止电石分解变成熟石灰，体积增大（增大一倍多），堵塞进水管、输气管和夹层，使发气孔乙炔压力增高。电石过热会燃烧，引起发气室炸裂或电石槽拔不出来。

电石的粒度必须符合乙炔发生器说明书上的规定。移动式乙炔发生器使用的电石粒度一般应在 25～80mm 范围内。大型电石入水式乙炔发生器所使用的电石粒度应在 8～80mm 的范围内，2～8mm 的电石不应超过 30%，不得使用尺寸大于 80mm 的电石。一般结构的乙炔发生器禁止使用粒度小于 2mm 的电石。电石粒度及水解时间见表 2-7。

表 2-7　电石粒度及水解时间

电石粒度/mm	2～4	4～8	8～15	15～25	25～50	50～80
1kg 电石完全水解时间/min	1.17	1.65	1.82	4.23	13.6	16.57

（4）冬季使用乙炔发生器时如发生冻结，只能用热水或蒸汽解冻，严禁使用明火或烧红的铁件烘烤，更不准使用铁器等易产生火花的物体敲击。

3. 乙炔发生器的启动

乙炔发生器启动前要检查回火防止器的水位等，待一切正常后，才能打开进水阀接电石送水，或通过操纵杆让电石下降与水接触产生乙炔。这时应检查压力表、各处接头及安全阀等是否正常。

启动后压力表读数可能上升过快，甚至有气体从安全阀逸出，或者启动后压力表的指示仍停留在低位。这些都说明乙炔发生器运行不正常，必须立即停止发气，待检查并排除故障后，方可重新启动。

冬季时，中压移动式乙炔发生器有时启动数分钟后，压力表的指针仍静止不动。可稍观察几分钟后再根据情况判断处理。

4. 工作过程中的管理与维护

（1）在供气使用前应排放乙炔发生器内存留的乙炔与空气混合气。在运行期间应随时检查乙炔发生器各部位，一旦发现漏气、水位不符合要求或安全装置失灵，应及时采取措施解决，否则不允许使用。检查漏气时应用肥皂水，禁止使用明火。

（2）运行过程中清理电石渣的工作，必须在电石完全分解后进行。水滴式乙炔发生器如发现有水从发气室排水阀溢出，而压力表静止不动，表明电石已分解完全，可以清理。

（3）乙炔发生器内水温超过 70℃时，应该灌注冲水，或暂时停止工作，采取冷却措施使温度下降。不得随便打开乙炔发生器或放水，防止因电石过热而着火爆炸。

（4）乙炔发生器的水封安全器必须与地面保持垂直。在开始工作前，必须检查水封安全器，应没有漏气和冻结，然后注入净水，其水位可在控制阀中有水缓慢流出或滴出为止。注水和检查水位工作，必须在停止输气时进行。在工作时每班至少应用控制阀检查水位两次。如发现水位降低，必须加水补充，但水位不得高于控制阀，以免乙炔通过水封安全器而破坏焊枪的正常工作。

（5）在停止供给乙炔时，不管焊枪的阀门是否关闭，水封安全器的进气阀门必须关闭。在寒冷天气进行焊接工作时，水封安全器的外壳可用毡子包上，也可使用氯化钠水溶液。

（6）低压水封安全器的乙炔导管下端，应低于安全管下端，以便发生回火时使爆炸气体经安全管排入大气，而不致侵入乙炔发生器。

（7）厂内乙炔管道应装设薄膜安全阀，安全阀应装在安全可靠的地点，以防伤人及引起火灾。管道和阀门应每天检查，保持不漏。

（8）不准在没有吹净的乙炔管道系统上动火。每次工作完毕，应将软管拆下。

（9）乙炔站发生火灾时，应迅速切断火场的动力电源，关闭各工艺管路及乙炔气瓶上的所有阀门，用干粉或二氧化碳灭火器灭火。

5. 停用时的清理工作

乙炔发生器停用时应先将电石篮提高脱离水面，或关闭进水阀使电石停止发气。然后关闭出气管阀门，停止乙炔输出。在开盖取电石篮时，若发现冒出火苗，应立即盖上乙炔发生器盖子，使其隔绝空气，并立即提升电石篮离开水面，待冷却降温后才能再开盖子和放水，禁止在盖上盖子后随即放水。"水管给水式"乙炔发生器，当分解室的温度降至 50℃ 以下时，才可进行清除工作，清除的石灰浆应送进废料坑。

6. 安全技术要求

(1) 乙炔发生器的构造应当保证器内所有气体能够完全释放出来，以便在重装电石之前能够把剩余气体吹净。

(2) 应装设符合要求的安全装置，安全装置有阻火装置、防爆泄压装置及指示装置等。安全装置的装设部位应符合有关规程、标准的要求。

(3) 回火防止器（阻火装置）的基本技术要求为：①能可靠地防止火焰和爆炸波的传波，并能把爆炸混合气排泄到大气中去；②应具有泄压装置，泄压装置应符合技术要求；③能满足焊接工艺的要求，如不影响火焰温度和气体流量等；④容易检查、控制、清洗和修理；⑤在发生回火时最好能切断气源；⑥回火防止器的工作压力应与乙炔发生器的工作压力相适应；⑦回火防止器的结构形式很多，水封式回火防止器安全性能较好，应用最广。

防爆泄压装置的安装和技术性能应符合有关规范要求。当乙炔发生器压力升高并超过保护定值时，应能及时可靠动作，泄出器内气体，降低压力，从而防止乙炔发生器罐体的破裂。防爆泄压装置有安全阀和泄压膜等。指示装置有压力表、温度计和水位指示计等，装置应灵敏准确。

(4) 保证有良好的冷却条件。乙炔发生器必须有足够的冷却水量，根据条件应尽可能让电石在大量水中分解。

在电石分解区，水的温度不得超过 60℃。发气室输出的乙炔温度应符合下列要求：滴水式、排水式或浸离式发气温度不得高于90℃。从乙炔发生器输出的乙炔温度不得高于 40℃。

对于移动式乙炔发生器，在周围环境温度超过 30℃ 的情况下，允许从乙炔发生器中输出的乙炔温度比周围空气的温度高 10℃。

（5）乙炔发生器的结构及其运动部件不得在工作时因碰撞、摩擦而引起火花。

（6）乙炔发生器不准使用纯铜（紫铜）零件，以免产生乙炔铜而发生危险，可采用含铜 70% 以下的合金零件。

7. 乙炔发生

电石加入乙炔发生器遇水反应生成乙炔气，因为工业电石有杂质与水同时进行反应，生成相应的杂质 PH_3、H_2S 等气体。

主反应：$CaC_2 + 2H_2O \longrightarrow C_2H_2 + Ca(OH)_2 + 127.2kJ/mol$

副反应：$CaO + H_2O \longrightarrow Ca(OH)_2 + 62.76kJ/mol$

$CaS + 2H_2O \longrightarrow Ca(OH)_2 + H_2S\uparrow$

$Ca_3P_2 + 6H_2O \longrightarrow 3Ca(OH)_2 + 2PH_3\uparrow$

$Ca_3N_2 + 6H_2O \longrightarrow 3Ca(OH)_2 + 2NH_3\uparrow$

$Ca_2Si + 4H_2O \longrightarrow 2Ca(OH)_2 + SiH_4\uparrow$

$Ca_3As_2 + 6H_2O \longrightarrow 3Ca(OH)_2 + 2AsH_3\uparrow$

粗乙炔中含有上述副反应生成的杂质，电石在水解时生成大量氢氧化钙而具有碱性，使生成的 PH_3、H_2S 水解不完全，因此，粗乙炔含有较多的 PH_3，较少的 H_2S。磷化物还可以 P_2H_4 形式存在，在空气中可自燃。

乙炔发生器温度在 85℃ 左右还可能有如下反应：双分子乙炔加成，生成 $CH_2{=}CH{-}C{\equiv}CH$（乙烯基乙炔）和 $C_2H_5{-}S{-}C_2H_5$（乙硫醚），二者含量可达（$50{\times}10^{-6}$）～（$100{\times}10^{-6}$）。

乙炔发生器温度在 85℃ 时，由于水的汽化，粗乙炔中带有大量水蒸气（一般水蒸气：乙炔＝1∶1）。

8. 影响发生因素

（1）电石的质量、粒度及停留时间　水解是液固相反应，电石质量好，发气量高；电石与水接触面积越大，水解反应速率越快。实际生产中既考虑水解安全也考虑发生安全，综合发生器结构和电石粉碎等因素，控制电石粒度在 15～50mm 并做到优质电石与等外电石搭配使用。一般五层托板的乙炔发生器，电石停留时间必须在 13min 以上。

（2）反应温度　电石水解反应热系通过加入过量水移走的。通过调节加水量和电石量来实现反应温度工艺控制指标。随反应温度上升，水解速度加快，同时乙炔在电石渣浆中溶解度下降，较显著地降低电石消耗。但反应温度过高，电石渣浆含固量大，会造成溢流不畅通或排渣困难；反应温度高，粗乙炔中水蒸气含量增加，增加渣浆夹带，会造成后部冷却塔超负荷，堵塞管路或塔板。综合上述多方面考虑，一般控制反应温度在 80～90℃。

9. 防爆技术措施

（1）乙炔燃烧爆炸的危险性

① 压力和温度　乙炔的自燃点为 335℃，容易受热自燃。200～300℃时，乙炔分子开始发生放热的聚合反应。当温度高于 500℃时，乙炔会发生爆炸性分解。若该分解在密闭容器中进行，会因温度的升高、压力的增加而发生爆炸。

② 氧化剂　乙炔与空气混合形成爆炸性混合气体，爆炸极限为 2.2%～81%，自燃点为 305℃；与氧气混合其爆炸极限为 2.8%～93%，自燃点为 300℃；与氯气混合在日光照射下或加热时就会爆炸。乙炔还能与氟、溴等化合，发生燃烧爆炸。

③ 杂质　乙炔中常含有磷化氢、硫化氢等有害杂质。磷化氢的自燃点较低，45～60℃时就会发生自燃，引爆乙炔与空气混合气体。

④ 催化剂　氧化铁、氧化铜、氧化铝等催化剂，能将乙炔的分子吸附在多孔的表面上，使乙炔浓度增加，促进乙炔分子的聚合反应和爆炸分解。

⑤ 容器体积　容器体积越小，越不易发生爆炸；反之，爆炸危险性也就越大。此外，由于乙炔的点火能量小（0.019mJ），乙

炔逸出后和空气接触形成爆炸性混合物，与金属碰撞火花接触后会发生爆炸。

（2）电石燃烧爆炸危险性　电石是碳化钙的俗称，它本身不具有燃爆性质，其燃烧爆炸的危险性主要表现在：

① 遇水燃烧爆炸。电石与火接触立即分解，产生乙炔并放出大量热量，该热量即可引起乙炔着火爆炸。

② 电石火花。电石中一般含有硅铁杂质，在碰撞或摩擦时能产生火花，成为乙炔的引爆源；电石中含有的磷化钙杂质，与水作用生成磷化氢气体，该气体自燃点较低，易引起乙炔发生器中爆炸性混合物爆炸。

③ 电石粒度。电石的粒度越小，与水作用的分解速度越快，瞬时释放的热量也就越多，容易造成局部过热而产生危险。

（3）乙炔发生器防爆技术措施

① 阻火措施。当火焰的燃烧速度大于乙炔和氧气混合的气流速度时，气焊（割）火焰就会沿焊（割）炬向胶管燃烧，发生危险。为此，应安装阻火装置，常用的是回火防止器，防止火焰进入储气罐和主罐或防止火焰在管道中蔓延。回火防止器按压力分为低压式（＜0.07MPa）和中压式（0.07～0.15MPa）两种；按结构分为开口式和闭合式两种；按阻火介质分为水封式和干式两种。

② 泄压措施。泄压措施是当乙炔发生器的压力升高超过一定限值时，或是爆炸而产生压力时，能及时泄放压力，从而防止乙炔发生器的破裂。常用的泄压装置有安全阀、泄爆片。

a. 安全阀。亦称泄压阀，其作用是保证乙炔发生器的压力超过安全规定的压力（0.215MPa）时能自动开启，泄放部分气体；当压力降至安全范围时又自动关闭，以保证乙炔发生器不超压破坏。为保证安全阀的灵敏可靠，应定期做排气试验，以防排气管、阀体等被黏结堵塞。此外，应经常检查安全阀是否有漏气或不停地排气等现象，并应及时修理。

b. 泄爆片。用于乙炔发生器的泄爆片有铝箔片和橡胶片等。

相比之下，铝箔片较为理想。泄爆片应具有足够的强度，以承受工作压力（一般在 0.15MPa 以下）；具有良好的耐热、耐腐蚀性；具有脆性；易于破裂；厚度尽可能薄。对于容积大于 300L 的罐体，泄爆面积应通过爆破试验来确定。泄爆片的材料、规格，不能随意更换，应满足相关规定。

③ 监控措施。监控的作用是为了控制乙炔的压力、水和乙炔的温度及水量等。对于固定式乙炔发生器，必须监控以上所有的参数；对于容量较小的移动式乙炔发生器可不进行温度监控。

a. 压力监控。中压乙炔发生器必须装设压力表，以直接显示罐体内部的乙炔压力值。为使压力表保持灵敏准确，在使用过程中应注意维护和检修。压力表应保持清洁，如表盘玻璃破碎或刻度模糊，则应停止使用。压力表的连接管要定期吹洗，以防堵塞。要经常检查指针转动后是否正常退回零位。压力表必须定期检验，超过有效期限的压力表应停止作用。

b. 水位控制。可以采用水位计或水位龙头指示水位。应按水位计的标志或水位龙头指示的水位要求，给乙炔发生器各罐体加水。水位计的指示刻度应保持清晰可见，水位龙头不应被锈蚀。

c. 温度监控。采用酒精温度计测量乙炔气温度和乙炔发生器电解分解区域水的温度，禁止使用水银温度计。温度计的玻璃护管应经常擦洗，使温度计的刻度清晰可见。

④ 乙炔发生器的布局。a. 移动式乙炔发生器禁止安置在锻工、铸工和热处理等热加工车间和正在运行的锅炉房内。b. 固定式乙炔发生器应布置在单独的房间，在室外安置时，应有专用棚子。c. 乙炔发生器与明火、散发火花地点、高压电源线及其他热源的水平距离应保持在 10m 以上，不准安放在剧烈震动的工作平台和设备上。

⑤ 乙炔发生器使用前的准备工作。a. 检查乙炔发生器的安全装置是否齐全，工作性能是否正常。b. 按规定的装水量灌水。c. 应根据各类乙炔发生器要求的定量装电石，不得装得过满。d. 冬季使用乙炔发生器如发现冻结，只能用热水或蒸汽解冻，

严禁用明火或烧红铁烘烤，更不能使用铁器等易产生火花的物体敲击。

⑥ 乙炔发生器的使用。a. 乙炔发生器启动前要检查回火防止器的水位，待一切正常，才可打开送水阀给电石送水。b. 送水后应检查压力表、安全阀及各处接头等是否正常。c. 启动后若出现压力表读数上升过快，有气体从安全阀逸出，或压力表指针仍停在零位等现象，应立即停气。待排除故障后，方可重新启动。

⑦ 工作过程的防爆。a. 在供气使用前应排除乙炔发生器内存留的乙炔与空气混合物。b. 在工作中应随时检查乙炔发生器的各个部位，一旦发现漏气、水位不符或安全装置失灵等问题，应及时采取措施。c. 运行过程中清除电石渣的工作，必须在电石安全分解后进行。d. 乙炔发生器内水温超过80℃时，应灌注冷水或暂时停止工作，采取冷却措施使之降温。e. 不可随便打开乙炔发生器和放水，以防电石过热引起着火和爆炸。

二、气瓶安全

广义的气瓶应包括不同压力、不同容积、不同结构形式和不同材料用以储运永久气体、液化气体和溶解气体的一次性或可重复充气的移动式压力容器。

1. 分类

从结构上分类有无缝气瓶和焊接气瓶；从材质上分类有钢气瓶（含不锈钢气瓶）、铝合金气瓶、复合气瓶、其他材质气瓶；从充装介质上分类有永久性气体气瓶、液化气体气瓶、溶解乙炔气瓶；从公称工作压力和水压试验压力上分类有高压气瓶、低压气瓶。

2. 容积

一般情况下，将气瓶的公称容积划分为大、中、小3类：12L（含12L）以下为小容积，12L以上至100L（含100L）为中容积，100L以上为大容积。钢制无缝的气瓶的容积，以40L气瓶最为常见，但也有小到0.4L、大到80L的。钢制焊接气瓶的容积，作为溶解乙炔钢瓶，以40L钢瓶最为普遍，液氨与液氯以800L和

400L 最为普及，因为按液氯 1.25kg/L 的充装系数计算，它们的介质质量正好为 1t 和 0.5t。液化石油钢瓶的容积，以 35.5L 用量最多，因为以 0.42kg/L 的充装系数计算，此类气瓶正好充装 15kg 的液化石油气，搬运和使用较为方便。

3. 术语

对气瓶所采用的术语定义如下：

（1）液化气体　在最高使用温度下的饱和蒸气压不小于 0.1MPa，且临界温度不低于－10℃的气体。

（2）高压液化气体　临界温度低于或等于 70℃的液化气体。

（3）低压液化气体　临界温度高于 70℃的液化气体。

（4）最高使用温度　高压液化气体气瓶在正常储存、运输和使用过程中受环境条件的影响，瓶内气体可能达到的最高温度。

（5）最高气相介质温度　低压液化气体气瓶在正常储存、运输和使用过程中受环境条件的影响，瓶内气相介质可能达到的最高温度。

（6）最高液相介质温度　低压液化气体气瓶在整个运行过程中受环境条件的影响，瓶内液相介质可能达到的最高平均温度。

（7）充装系数　气瓶单位容积内充装液化气体的质量。

（8）许用压力　保证气瓶安全，允许瓶内达到的最高压力。

（9）剩余压力　气瓶充装前瓶内所剩余的液化气体的压力。

4. 处理

（1）充装操作人员应熟悉所装介质的特性（燃、毒及腐蚀性等）及其与气瓶（包括瓶体及瓶阀等附件）材料的相容性。

（2）充装前的气瓶应由专人负责，逐只进行检查，检查内容至少应包括：① 国产气瓶是否是由具有气瓶制造许可证的单位生产的；②气瓶外表面的颜色标记是否与所装气体的规定标记相符；③气瓶瓶阀的出口螺纹型式是否与所装气体的规定相符，即可燃性气体用的瓶阀出口螺纹是左旋的，非可燃性气体用的瓶阀出口螺纹是右旋的；④气瓶内如有剩余气体，应进行定性鉴别；⑤气瓶外表面应无裂纹、严重腐蚀、明显变形及其他严重外部损伤缺陷；⑥气瓶是否在规定的检验期限内；⑦气瓶的安全附件是否齐全和符合安全要求。

（3）有下列情况之一的气瓶，禁止充装：①不具有气瓶制造许可证的单位生产的；②原始标记不符合规定，或钢印标志模糊不清，无法辨认的；③颜色标记不符合 GB/T 7144—2016《气瓶颜色标志》的规定，或严重污损脱落，难以辨认的；④有报废标记的；⑤超过检验期限的；⑥附件不全、损坏或不符合规定的；⑦气瓶瓶体或附件的材料与所装介质的性质不相容的；⑧低压液化气体气瓶的许用压力小于所装介质在气瓶最高使用温度下饱和蒸气压的。

国内使用的低压液化气体气瓶，最高使用温度为 60℃。不同温度下常见低压液化气体的饱和蒸气压见表 2-8。

表 2-8　不同温度下常见低压液化气体的饱和蒸气压（绝对压力）

单位：kgf/cm^2

温度/℃	氯	氨	二氧化碳	丙烷	丁烷
−20	1.81	1.88	0.63	2.42	0.45
−10	2.6	2.88	1.0	3.42	0.69
0	3.64	4.24	1.53	4.70	1.02
10	4.96	6.08	2.26	6.31	1.46
20	6.57	8.47	3.25	8.3	2.05
30	8.6	11.52	4.53	10.7	2.81
40	11.14	15.34	6.17	13.6	3.75
50	14.14	20.06	8.24	17.0	4.92
60	17.59	25.78	10.8	21.0	6.34
70	21.58	32.64	13.96	25.7	8.04

注：$1kgf/cm^2 = 98.0665kPa$。

（4）颜色或其他标记以及瓶阀出口螺纹与所装气体的规定不相符的气瓶，除不予充气外，还应查明原因，报告上级主管部门或当地市场监管部门，进行处理。

（5）无剩余压力的气瓶，充装前应将瓶阀卸下，进行内部检查。经确认瓶内无异物，并按有关规范的规定处理后方可充气。

（6）新投入使用或经内部检验后首次充气的气瓶，都应按规定先置换掉瓶内的空气，并经分析合格后方可充气。

（7）检验期限已过的气瓶、外观检查发现有重大缺陷或对内部状况有怀疑的气瓶，应先送检验单位，按规定进行技术检验与评定。

（8）国外进口的气瓶，外国飞机、火车、轮船上使用的气瓶，要求在我国境内充气时，应先经市场监管部门认可或指定的单位进行检验。

（9）经检查不合格（包括待处理）的气瓶，应分别存放，并做出明显标记，以防止与合格气瓶混淆。

5. 充装

（1）充装计量用衡器的最大称量值不得大于气瓶实重（包括自重与装液质量）的 3 倍，不小于 1.5 倍。衡器应按有关规定，定期进行校验，并且至少在每天使用前校正一次。

（2）易燃液化气体中的氧含量达到或超过下列规定值时，禁止装瓶：

① 乙烯中的氧含量 2%（体积分数，下同）。

② 其他易燃气体中的氧含量 4%。

（3）气瓶充装液化气体时，必须严格遵守下列各项规定：①充气前必须检查确认气瓶检查合格或妥善处理了的；②用卡子连接代替螺纹连接进行充装时，必须认真仔细检查确认瓶阀出口螺纹与所装气体所规定的螺纹型式相符；③开启瓶阀应缓缓操作，并应注意监听瓶内有无异常声响；④充装易燃气体的操作过程中，禁止用扳手等金属器具敲击瓶阀或管道；⑤在充装过程中，应随时检查气瓶各处的密封状况，瓶壁温度是否正常，发现异常时应及时妥善处理。

（4）液化石油气体的充装量不得大于所装气瓶型号中用数字表

示的公称容量（以 kg 计）。其他液化气体的充装量不得大于气瓶的公称容积与充装系数的乘积。

（5）低压液化气体充装系数的确定，应符合下列原则：①充装系数应不大于在气瓶最高使用温度下液体密度的 97%；②在温度高于气瓶最高使用温度 5℃时，瓶内不满液。

（6）常用低压液化气体的充装系数不得大于表 2-9 的规定。

表 2-9　常用低压液化气体的充装系数

序号	气体名称	分子式	60℃时的饱和蒸气压力（表压）/MPa	充装系数/(kg/L)
1	氨	NH_3	2.52	0.53
2	氯	Cl_2	1.68	1.25
3	溴化氢	HBr	4.86	1.19
4	硫化氢	H_2S	4.39	0.66
5	二氧化硫	SO_2	1.01	1.23
6	四氧化二氮	N_2O_4	0.41	1.30
7	碳酰二氯(光气)	$COCl_2$	0.43	1.25
8	氟化氢	HF	0.28	0.83
9	丙烷	C_3H_8	2.02	0.41
10	环丙烷	C_3H_6	1.57	0.53
11	正丁烷	C_4H_{10}	0.53	0.51
12	异丁烷	C_4H_{10}	0.76	0.49
13	丙烯	C_3H_6	2.42	0.42

其他低压液化气体气瓶的充装系数，不得大于由下式计算确定的值：

$$F[r] = 0.97\rho(1 - C/100)$$

式中　$F[r]$——低压液化气体充装系数，kg/L；

ρ——低压液化气体在最高液相介质温度下的液体密度，kg/L；

C——液体密度的最大负偏差，%。

由两种以上的液化气体混合组成的介质，应由实验确定其在最高使用温度下的液体密度，并按上式确定充装系数的最大限值。

（7）高压液化气体充装系数的确定，应符合下列原则：①瓶内气体在气瓶最高使用温度下所达到的压力不超过气瓶许用压力；②在温度高于最高使用温度5℃时，瓶内气体压力不超过气瓶许用压力的20%。

（8）高压液化气体的充装系数应符合表2-10的规定。

表2-10 高压液化气体的充装系数

序号	气体名称	分子式	由气瓶公称工作压力确定的充装系数/(kg/L) 不大于		
			20.0MPa	15.0MPa	12.5MPa
1	氙	Xe			1.23
2	二氧化碳	CO_2	0.74	0.60	
3	氧化亚氮	N_2O		0.62	0.52
4	六氟化硫	SF_6			1.33
5	氯化氢	HCl			0.57
6	乙烷	C_2H_6	0.37	0.34	0.31
7	乙烯	C_2H_4	0.34	0.28	0.24
8	三氟氯甲烷	CF_3Cl			0.94
9	三氟甲烷	CHF_3			0.76
10	六氟乙烷	C_2F_6			1.06
11	偏二氟乙烯	$C_2H_2F_2$			0.66
12	氟乙烯	C_2H_3F			0.54
13	三氟溴甲烷	CF_3Br			1.45

序号	气体名称	分子式	由气瓶公称工作压力确定的充装系数/(kg/L) 不大于		
			20.0MPa	15.0MPa	12.5MPa
14	硅烷	SiH_4		0.3	
15	磷烷	PH_3		0.2	
16	乙硼烷	B_2H_6		0.035	

其他高压液化气体（包括两种以上的液化气体混合组成的高压液化气体）的充装系数可按下式确定其最大值。

$$F[r] = \frac{pM}{ZRT}$$

式中　$F[r]$——高压液化气体充装系数，kg/L；

　　　T——气瓶最高使用温度，K；

　　　M——气体分子量；

　　　R——气体常数，$R = 8.314 \times 10^{-3} MPa/(kmol \cdot K)$；

　　　Z——气体在压力 p、温度 T 时的压缩系数；

　　　p——气瓶许用压力（绝对压力），按有关标准的规定，取气瓶的公称工作压力为许用压力，MPa。

（9）液化气体的充装量必须精确计量和严格控制，禁止用储罐减量法（即根据气瓶充装前后储罐存液量之差）来确定充装量。充装过量的气瓶，必须及时将超装的液量妥善排出。

（10）充装后的气瓶，应有专人负责，逐只进行检查。不符合要求时，应进行妥善处理。检查内容应包括：①充装量是否在规定范围内；②瓶阀及其与瓶口连接的密封是否良好；③瓶体是否出现鼓包变形或泄漏等严重缺陷；④瓶体的温度是否有异常升高的迹象。

6. 气瓶改装

（1）使用过的气瓶，严禁随意更改颜色标记，换装别种气体。

（2）使用单位需要更换气瓶盛装气体的种类时，应提出申请，由气瓶检验单位对气瓶进行改装。对低压液化气体气瓶，充气单位应先进行校验，确认换装的气体在气瓶最高使用温度下的饱和蒸气压不大于气瓶的许用压力后，方可进行改装。

（3）气瓶改装时，应对气瓶内部进行彻底清理、检验，换装相应的附件，并按 GB/T 7144—2016 的规定更改换装气体的字样、色环和颜色标记。

7. 充装记录

（1）充气单位应由专人负责填写气瓶充装记录。记录内容至少应包括：充气日期、瓶号、室温、气瓶标记重量、装气后总重量、有无发现异常情况等。

（2）充气单位应负责妥善保管气瓶充装记录，保存时间不应小于 1 年。

第三章

焊接方法及安全

第一节　手工电弧焊

手工电弧焊也称焊条电弧焊，是利用焊条和焊件之间的电弧热使金属与母材熔化形成焊缝的一种焊接方法，见图 3-1。焊接过程中，在电弧高热作用下，焊条和被焊金属局部熔化。由于电弧的吹力作用，在被焊金属上形成了一个椭圆形充满液体金属的凹坑，这个凹坑称为熔池。同时，熔化了的焊条金属向熔池过渡。焊条药皮熔化过程中产生一定量的保护气体和液态熔渣。产生的气体充满电弧和熔池周围，起隔绝大气的作用。液态熔渣浮起盖在液体金属表面上，也起到保护液体金属的作用。熔池中液态金属、液态熔渣和

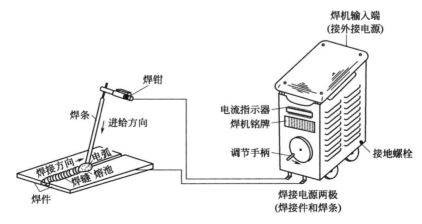

图 3-1　电弧焊过程示意图

气体间进行着复杂的物理、化学反应，称为冶金反应，这种反应起着精炼焊缝金属的作用，能够提高焊缝的质量。随着电弧的前移，熔池后方的液体金属温度逐渐下降，逐渐冷凝形成焊缝。

一、焊接电弧及其特性

1. 焊接电弧的产生

在工件与焊条两极之间的气体介质中持续强烈的放电现象称为电弧。焊条电弧焊是利用焊条与工件之间建立起来的稳定燃烧的电弧，使焊条和工件熔化，从而获得牢固焊接接头的工作方法。焊接过程中药皮不断地分解、熔化而生成气体及熔渣，保护焊条端部、电弧、熔池及其附近区域，防止大气对熔池金属的有害污染。焊条芯在电弧热作用下不断熔化，进入熔池，组成焊缝的填充金属。

电弧焊是熔化焊中最基本的焊接方法，它也是应用最普遍的焊接方法。其中，最简单最常见的是用手工操作电焊条进行焊接的电弧焊，称为手工电弧焊，简称手弧焊。手弧焊的设备简单，操作方便灵活，适应性强，适用于厚度2mm以上的各种金属材料和各种形状结构的焊接，尤其适用于结构形状复杂、焊缝短或弯曲的焊件和各种不同空间位置的焊缝焊接。手弧焊的主要缺点是焊接质量不够稳定，生产效率较低，对操作者的技术水平要求较高。

2. 手弧焊的焊接过程

首先将电焊机电流的输出端两极分别与焊件和焊钳连接，再用焊钳夹持电焊条。焊接时在焊条与焊件之间引出电弧，高温电弧将焊条端头与焊件局部熔化而形成熔池。然后，熔池迅速冷却、凝固形成焊缝，使分离的两块焊件牢固地连接成一整体。焊条的药皮熔化后形成熔渣覆盖在熔池上，熔渣冷却后形成渣壳，对焊缝起保护作用。最后将渣壳清除掉，接头的焊接工作就此完成。

3. 手弧焊设备

手弧焊的主要设备是弧焊机，俗称电焊机或焊机。电焊机是焊接电弧的电源。现介绍国内广泛使用的弧焊机，如图3-2所示。

（1）BX3型交流弧焊机 BX3型交流弧焊机系动圈式变压器

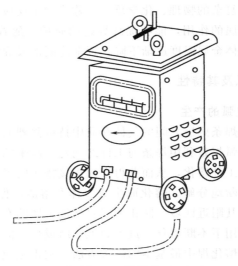

图 3-2 弧焊机

结构的单人手工焊机，可用于各类低碳钢、低合金钢的焊接。主要特点：焊接电流特别稳定，小电流焊接特性良好，功率大，效率高，过载能力强；电流可以无极连续调节，能够满足连续焊接的需要，是目前市场上性能最好的交流弧焊机。

（2）直流弧焊机　直流弧焊机是供给焊接用直流电的电源设备。由于电流方向不随时间的变化而变化，因此电弧燃烧稳定，运行使用可靠，有利于掌握和提高焊接质量。使用直流弧焊机时，其输出端有固定的极性，即有确定的正极和负极，因此焊接导线的连接有两种接法，焊机焊接导线的连接如图 3-3 所示。

① 正接法。焊件接直流弧焊机的正极，电焊条接负极。

② 反接法。焊件接直流弧焊机的负极，电焊条接正极。

导线的连接方式不同，其焊接的效果会有差别，在生产中可根据焊条的性质或焊件所需热量情况来选用不同的接法。当使用酸性焊条时，焊接较厚的钢板采用正接法，因局部加热熔化所需的热量比较多，而电弧阳极区的温度高于阴极区的温度，可加快母材的熔化，以增加熔深，保证焊缝根部熔透；焊接较薄的钢板或对铸铁、

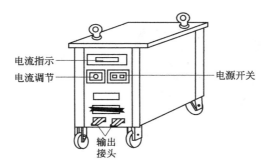

图 3-3　焊机焊接导线的连接

高碳钢及有色合金等材料的焊接则采用反接法，因不需要强烈的加热，以防烧穿。当使用碱性焊条时，按规定均应采用反接法，以保证电弧燃烧稳定。直流电弧焊的正接法与反接法见图 3-4。

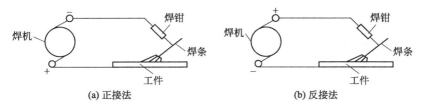

(a) 正接法　　　　　　　　　　　(b) 反接法

图 3-4　直流电弧焊的正接法与反接法

（3）手弧焊工具　常用的手弧焊工具有焊钳、面罩、清渣锤、钢丝刷等，如图 3-5 所示，以及焊接电缆和劳动保护用品。

① 焊钳是用来夹持焊条和传导电流的工具。常用的有 300A 和 500A 两种。

② 面罩是用来保护眼睛和面部免受弧光伤害及金属飞溅的一种遮蔽工具，有手持式和头盔式两种。面罩观察窗上装有有色化学玻璃，可过滤紫外线和红外线，在电弧燃烧时能通过观察窗观察电弧燃烧情况和熔池情况，以便于操作。

③ 清渣锤（尖头锤）用来清除焊缝表面的渣壳。

④ 钢丝刷在焊接之前，用来清除焊件接头处的污垢和锈迹；

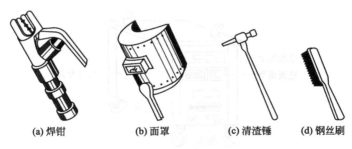

(a) 焊钳　　　　　(b) 面罩　　　(c) 清渣锤　　(d) 钢丝刷

图 3-5　手弧焊工具

焊后清刷焊缝表面及飞溅物。

⑤ 焊接电缆常采用多股细铜线电缆，一般可选用 YHH 型电焊橡皮套电缆或 THHR 型电焊橡皮套特软电缆。在焊钳与焊机之间用一根电缆连接，称此电缆为把线（火线）。在焊机与工件之间用另一根电缆（地线）连接。焊钳外部用绝缘材料制成，具有绝缘和绝热的作用。

4. 电焊条

电焊条（简称焊条）是涂有药皮的供手弧焊用的熔化电极。

（1）焊条的组成及作用　焊条是由焊芯和药皮两部分组成，如图 3-6 所示。

① 焊芯。焊芯是焊条内被药皮包覆的金属丝。它的作用是：a. 起到电极的作用，即传导电流，产生电弧。b. 形成焊缝金属。焊芯熔化后，其液滴过渡到熔池中作为填充金属，并与熔化的母材熔合后，经冷凝成为焊缝金属。

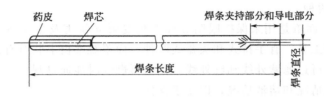

药皮　　焊芯　　　　　　焊条夹持部分和导电部分

焊条长度　　　　　　　　焊条直径

图 3-6　焊条结构图

为了保证焊缝金属具有良好的塑性、韧度和减少产生裂纹的倾向，焊芯是经特殊冶炼的焊条钢拉拔制成，它与普通钢材的主要区别在于低碳、低硫和低磷。

焊芯牌号的标法与普通钢材的标法基本相同，如常用的焊芯牌号有 H08、H08A、H08SiMn 等。在这些牌号中，"H"是"焊"字汉语拼音首字母，读音为"焊"，表示焊接用实芯焊丝；其后的数字表示含碳量，如"08"表示含碳量为 0.08% 左右；数字后则表示质量和所含化学元素，如"A"（读音为"高"）表示含硫、磷较低的高级优质钢，又如"SiMn"表示硅与锰含量均小于 1%（若大于 1%，则标出数字）。

焊条的直径是焊条规格的主要参数，它是由焊芯的直径来表示的。常用的焊条直径为 2~6mm，长度为 250~450mm。一般细直径的焊条较短，粗焊条则较长。表 3-1 是其部分规格。

表 3-1　焊条直径和长度规格　　　　单位：mm

焊条直径	2.0	2.5	3.2	4.0	5.0	5.8
焊条长度	250	250	350	350	400	400
				400		
	300	300	400	450	450	450

② 药皮。药皮是压涂在焊芯上的涂料层。它是由多种矿石粉、有机物粉、铁合金粉和黏结剂等原料按一定比例配制而成。药皮内有稳弧剂、造气剂和脱氧剂等的存在（见表 3-2），所以药皮的主要作用有：

表 3-2　焊条药皮的原料和作用

原料种类	原料名称	作用
稳弧剂	长石、大理石、钛白粉	改善引弧性，提高稳弧性
造气剂	大理石、萤石、长石、钛铁矿等	形成气体，保护熔池和熔渣
脱氧剂	锰铁、硅铁、钛铁等	使熔化的金属脱氧
合金剂	锰铁、硅铁、钛铁等	使焊缝获得必要的合金成分
黏结剂	钾水胶磷、钠水玻璃	将药皮牢固地粘在焊芯上

a. 稳定电弧。药皮中某些成分可促使气体粒子电离，从而使电弧容易引燃，并稳定燃烧和减少熔滴飞溅等。

b. 保护熔池。在高温电弧的作用下，药皮分解产生大量的气体和熔渣，防止熔滴和熔池金属与空气接触。熔渣凝固后形成渣壳覆盖在焊缝表面上，防止高温焊缝金属被氧化，同时可减缓焊缝金属的冷却速度。

c. 改善焊缝质量。通过熔池中的冶金反应进行脱氧、去硫、去磷、去氢等有害杂质，并补充被烧损的有益合金元素。

电焊条要妥善保管，应保存在干燥的地方，避免受潮。特别是碱性焊条，要经烘干处理后才能使用。

（2）焊条的分类、型号及牌号

① 焊条的分类。焊条的品种繁多，有如下分类方法：

a. 按用途，国家标准将焊条可分为七大类：碳钢焊条、低合金钢焊条、不锈钢焊条、堆焊焊条、铸铁焊条、铜及铜合金焊条和铝及铝合金焊条。其中，碳钢焊条使用最为广泛。

b. 按药皮熔化成的熔渣化学性质，焊条分为酸性焊条和碱性焊条两大类。药皮熔渣中以酸性氧化物（如 SiO_2，TiO_2，Fe_2O_3）为主的焊条称为酸性焊条。药皮熔渣中以碱性氧化物（如 CaO、FeO、MnO、MgO）为主的焊条称为碱性焊条。在碳钢焊条和低合金钢焊条中，低氢型焊条（包括低氢钠型、低氢钾型和铁粉低氢型）是碱性焊条，其他涂料的焊条均属酸性焊条。

酸性焊条具有良好的焊接工艺性，电弧稳定，不易因铁锈、油脂和水分等产生气孔，脱渣容易，焊缝美观，可使用交流或直流电源，应用较为广泛。但酸性焊条氧化性强，合金元素易烧损，脱硫、磷能力也差，因此焊接金属的塑性、韧性和抗裂性能不高，适用于一般低碳钢和相应强度的结构钢的焊接。

碱性焊条氧化性弱，脱硫、磷能力强，所以焊缝塑性、韧性高，扩散氢含量低，抗裂性能强。因此，焊缝接头的力学性能较使用酸性焊条的焊缝要好。但碱性焊条的焊接工艺性较差，仅适用于直流弧焊机，对铁锈、水分、油脂的敏感性大，焊件易产生气孔，焊接时产生的有毒气体和烟尘多，应注意通风。

②　按焊接工艺及冶金性能要求、焊条的药皮类型将焊条分为十大类，如氧化钛型、钛钙型、低氢钾型、低氢钠型等。

（3）焊条的型号　焊条的型号是由国家标准制定机构及国际标准组织（ISO）制定，反映焊条主要特性的一种表示方法。GB/T 5117《碳钢焊条》等规定，其型号编制方法为：字母"E"表示焊条；E后的前两位数字表示熔敷金属抗拉强度的最小值，单位为MPa；第三位数字表示焊条的焊接位置，若为"0"及"1"则表示焊条适用于全位置焊接（即可进行平、立、仰、横焊），"2"表示焊条适用于平焊及平角焊，"4"表示焊条适用于向下立焊；第四、五位数字组合时表示药皮类型及焊接电流种类，如为"03"表示钛钙型药皮、交直流正反接，又如"15"表示低氢钠型、直流反接。

（4）焊条的牌号　除国家标准规定的焊条型号外，考虑到国内各行业对原机械工业部部标的焊条牌号印象较深，因此仍保留了原焊条分十大类的牌号名称，其编制方法为：每类电焊条的第一个大写汉语特征字母表示该焊条的类别，例如 J（读音为"结"）代表结构钢焊条（包括碳钢和低合金钢焊条），A代表奥氏体铬镍不锈钢焊条等；特征字母后面有三位数字，其中前两位数字在不同类别焊条中的含义是不同的，对于结构钢焊条而言，此两位数字表示焊缝金属最低的抗拉强度，单位是 kgf/mm^2（$1kgf/mm^2=9.81MPa$）；第三位数字均表示焊条药皮类型和焊接电源要求。两种常用碳钢焊条型号和其相应的原牌号如表 3-3 所示。

表 3-3　两种常用碳钢焊条

型号	原牌号	药皮类型	焊接位置	电流种类
E4303	结 422	钛钙型	全位置	交流、直流
E5015	结 507	低氢钠型	全位置	直流反接

"焊条牌号"应尽快过渡到国家标准的"焊条型号"。若生产厂仍以"焊条牌号"标注，则必须在牌号的边上表明所属的"焊条型号"，如：焊条牌号 J442（符合 GB/T 5117 E4303 型）。焊条型号

与焊条牌号的关系如表 3-4 所示。

表 3-4　焊条国家标准的分类

型号			牌号			
焊条大类(按化学成分分类)			焊条大类(按用途分类)			
国家标准号	名称	代号	类别	名称	代号	
					字母	汉字
GB/T 5117—2012	碳钢焊条	E	一	结构钢焊条	J	结
GB/T 5118—2012	热强钢焊条	E	二	钼和铬钼耐热钢焊条	R	热
			三	低温钢焊条	W	温
GB/T 983—2012	不锈钢焊条	E	四	不锈钢焊条	G	铬
					A	奥
GB/T 984—2001	堆焊焊条	ED	五	堆焊焊条	D	堆
			六	铸铁焊条	Z	铸
			七	镍及镍合金焊条	Ni	镍
GB/T 3670—1995	铜及铜合金焊条	TCu	八	铜及铜合金焊条	T	铜
GB/T 3669—2001	铝及铝合金焊条	TAl	九	铝及铝合金焊条	L	铝
			十	特殊用途焊条	TS	特

(5) 焊条的选用　焊条的种类与牌号很多,选用的是否恰当将直接影响焊接质量、生产率和产品成本。选用时应考虑下列原则:

① 根据焊件的金属材料种类选用相应的焊条种类。例如,焊接碳钢或普通低合金钢,应选用结构钢焊条;焊接不锈钢或耐热钢等有特殊性能要求的钢材,应选用相应的专用焊条,以保证焊缝金属的主要化学成分和性能与母材相同。

② 焊缝金属要与母材等强度,可根据钢材强度等级来选用相应强度等级的焊条。对异种钢焊接,应选用与强度等级低的钢材相适应的焊条。

③ 同一强度等级的酸性焊条或碱性焊条的选用,主要考虑焊件的结构形状、钢材厚度、载荷性能、钢材抗裂性等因素。例如,对于结构形状复杂、厚度大的焊件,因其刚性大,焊接过程中有较

大的内应力，容易产生裂纹，应选用抗裂性好的低氢型焊条；在母材中碳、硫、磷等元素含量较高时，应选用低氢型焊条；承受动载荷或冲击载荷的焊件，应选用强度足够、塑性和韧性较高的低氢型焊条。如焊件受力不复杂，母材质量较好，含碳量低，应尽量选用较经济的酸性焊条。

④ 焊条工艺性能要满足施焊操作的需要，如在非水平位置焊接时，应选用适合于各种位置焊接的焊条。结构钢焊条的选用如表 3-5 所示；常见碳钢焊条的应用见表 3-6。

表 3-5　结构钢焊条的选用

钢种	钢号	一般结构	承受动载荷、复杂和厚板结构的受压容器
低碳钢	Q235、Q255、08、10、15、20	J422、J423、J424、J425	J426、J427
	Q275、20、30	J502、J503	J506、J507
普低钢	09Mn2、09MnV	J422、J423	J426、J507
	16Mn、16MnCo	J502、J503	J506、J507
	15MnV、15MnTi	J506、J556、J507、J557	J506、J556、J507、J557
	15MnVN	J556、J557、J606、J607	J556、J557、J606、J607

表 3-6　常见碳钢焊条的应用

牌号	型号（国家标准）	药皮类型	焊缝位置	电流	主要用途
J422GM	F4303	铁钙型	全位置	交流、直流	焊接海上平台、船舶、车辆、工程机械等表面,装饰焊缝
J422	F4303	铁钙型	全位置	交流、直流	焊接较重要的低碳钢结构和同强度等级的低合金钢
J426	E4316	低氢钾型	全位置	交流、直流	焊接重要的低碳钢及某些低合金钢结构
J427	E4315	低氢钾型	全位置	直流	焊接重要的低碳钢及某些低合金钢结构

续表

牌号	型号(国家标准)	药皮类型	焊缝位置	电流	主要用途
J502	E5003	钛钙型	全位置	交流、直流	焊接 16Mn 及相同强度等级低合金钢的一般结构
J502Fe	E5014	铁粉钛钙型	全位置	交流、直流	焊接合金钢的一般结构
J506	E5016	铁粉钛钙型	全位置	交流、直流	焊接中碳钢及某些重要的低合金钢(如16Mn)结构
J507	E5015	低氢钠型	全位置	直流	焊接中碳钢及16Mn 等低合金钢重要结构
J507R	E5015G	低氢钠型	全位置	直流	焊接压力容器

二、手弧焊工艺

1. 焊接接头形式与焊缝坡口形式

（1）焊接接头形式　焊缝的形式是由焊接接头的形式来确定的。根据焊件厚度、结构形状和使用条件的不同，最基本的焊接接头形式有对接接头、搭接接头、角接接头、T 形接头，如图 3-7 所示。对接接头受力比较均匀，使用最多，重要的受力焊缝应尽量选用。

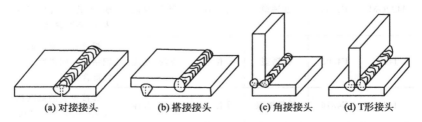

(a) 对接接头　　(b) 搭接接头　　(c) 角接接头　　(d) T形接头

图 3-7　焊接接头形式

（2）焊缝坡口形式　焊接前把两焊件间的待焊处加工成所需的几何形状的沟槽称为坡口。坡口的作用是保证电弧能深入焊缝根部，使根部能焊透，便于清除熔渣，以获得较好的焊缝成形和保证焊缝质量。坡口加工称为开坡口，常用的坡口加工方法有刨削、车削和乙炔火焰切割等。

坡口形式应根据被焊件的结构和厚度、焊接方法、焊接位置、焊接工艺等进行选择；同时还应考虑能否保证焊缝焊透、是否容易加工、节省焊条、焊后减少变形以及提高劳动生产率等问题。

坡口包括斜边和钝边，为了便于施焊和防止焊穿，坡口的下部都要留有 2mm 的直边，称为钝边。

对接接头的坡口形式有 I 形、Y 形、双 Y 形（X 形）、U 形和双 U 形，如图 3-8 所示。焊件厚度小于 6mm 时，采用 I 形，如图 3-8(a) 所示，无须开坡口，在接缝处留出 0～2mm 的间隙即可。焊件厚度大于 6mm 时，则应开坡口，其形式如图 3-8(b)～(e) 所示。其中，Y 形加工方便；双 Y 形由于焊缝对称，焊接应力与变形小；U 形容易焊透，焊件变形小，用于焊接锅炉、高压容器等重要厚壁件；在板厚相同的情况下，双 Y 形和 U 形的加工比较费工。

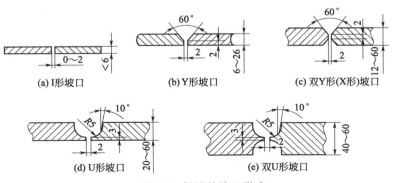

图 3-8　焊缝的坡口形式

对 I 形、Y 形、U 形坡口，采取单面焊或双面焊均可焊透，如图 3-9 所示。当焊件一定要焊透时，在条件允许时，应尽量采用双

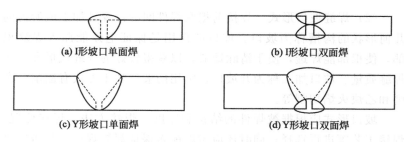

(a) I形坡口单面焊   (b) I形坡口双面焊

(c) Y形坡口单面焊   (d) Y形坡口双面焊

图 3-9   单面焊和双面焊

面焊，因它能保证焊透。

工件较厚时，要采用多层焊才能焊满坡口，如图 3-10 所示。如果坡口较宽，同一层中还可采用多层多道焊，如图 3-10(b) 所示。多层焊时，要保证焊缝根部焊透。第一层焊道应采用直径为 3～4mm 的焊条，以后各层可根据焊件厚度选用较大直径的焊条。每焊完一道后，必须仔细检查、清理，才能施焊下一道，以防止产生夹渣、未焊透等缺陷。焊接层数应以每层厚度小于 4～5mm 的原则确定。当每层厚度为焊条直径的 0.8～1.2 倍时，生产率较高。

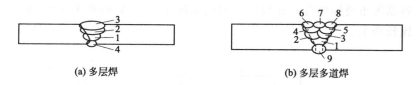

(a) 多层焊   (b) 多层多道焊

图 3-10   对接 Y 形坡口的多层焊

［(a) 中数字表示焊接层数；(b) 中数字表示焊接道数］

2. 焊接位置

熔化焊时，焊件接缝所处的空间位置，称为焊接位置，有平焊、立焊、横焊和仰焊位置，如图 3-11 所示。

焊接位置对施焊的难易程度影响很大，从而也影响了焊接质量和生产率。其中，平焊操作方便，劳动强度小，熔化金属不会外流，飞溅较少，易于保证质量，是最理想的操作空间位置，应尽可能地采用；立焊和横焊熔化金属有下流倾向，不易操作；仰焊位置

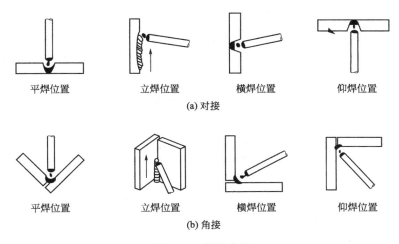

平焊位置　　　立焊位置　　　横焊位置　　　仰焊位置

(a) 对接

平焊位置　　　立焊位置　　　横焊位置　　　仰焊位置

(b) 角接

图 3-11　焊接位置

最差，操作难度大，不易保证质量。工字梁的接头形式和焊接位置如图 3-12 所示。

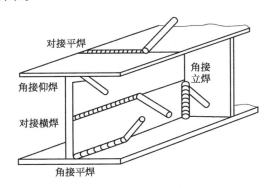

对接平焊

角接立焊

角接仰焊

对接横焊

角接平焊

图 3-12　工字梁的接头形式和焊接位置

3. 焊接工艺参数

　　焊接工艺参数是为获得质量优良的焊接接头，而选定的物理量的总称。工艺参数有：焊接电流、焊条直径、焊接速度、焊弧长度和焊接层数等。工艺参数选择是否合理，对焊接质量和生产率都有很大影响。其中，焊接电流的选择最重要。

（1）焊条直径与焊接电流的选择　手弧焊工艺参数的选择一般是先根据工件厚度选择焊条直径，然后根据焊条直径选择焊接电流。焊条直径应根据钢板厚度、接头形式、焊接位置等来加以选择。在立焊、横焊和仰焊时，焊条直径不得超过4mm，以免熔池过大，使熔化金属和熔渣下流。平板对接时焊条直径的选择可参考表3-7。

表3-7　焊条直径的选择

钢板厚度/mm	≤1.5	2	3	4～7	8～12	≥13
焊条直径/mm	1.6	1.6～2.0	2.0～3.2	3.2～4.0	4.0～4.5	4.5～5.8

焊接电流范围可参考表3-8。

表3-8　焊接电流的选择

焊条直径/mm	1.6	2.0	2.5	3.2	4.0	5.0	5.8
焊接电流/A	25～40	40～70	70～90	100～130	160～200	200～270	260～300

（2）焊接速度的选择　焊接速度是指单位时间所完成的焊缝长度。它对焊缝质量影响也很大。焊接速度由焊工凭经验掌握，在保证焊透和焊缝质量的前提下，应尽量快速施焊。工件越薄，焊接速度应越高。图3-13表示焊接电流和焊接速度对焊缝形状的影响。其中：

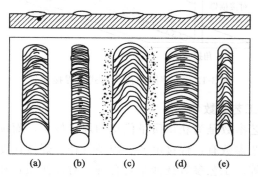

(a)　(b)　(c)　(d)　(e)

图3-13　电流、焊接速度、弧长对焊缝形状的影响

（a）所示焊缝形状规则，焊波均匀并呈椭圆形，焊缝各部分尺寸符合要求，说明焊接电流和焊接速度选择合适。

（b）所示焊接电流太小，电弧不易引出，燃烧不稳定，弧声变弱，焊波呈圆形，堆高增大和熔深减小。

（c）所示焊接电流太大，焊接时弧声强，飞溅增多，焊条往往变得红热，焊波变尖，熔宽和熔深都增加。焊薄板时易烧穿。

（d）所示的焊缝焊波变圆且堆高，熔宽和熔深都增加，这表示焊接速度太慢。焊薄板时可能会烧穿。

（e）所示焊缝形状不规则且堆高，焊波变尖，熔宽和熔深都小，说明焊接速度过快。

（3）焊弧长度的选择　电弧过长，燃烧不稳定，熔深减小，空气易侵入熔池产生缺陷。电弧长度超过焊条直径时为长弧，反之为短弧。因此，操作时尽量采用短弧才能保证焊接质量，即弧长 L（mm）$=(0.5\sim1)d$，一般多为 $2\sim4mm$。

4. 手弧焊的基本操作

（1）焊接接头处的清理　焊接前接头处应除尽铁锈、油污，以便于引弧、稳弧和保证焊缝质量。除锈要求不高时，可用钢丝刷；要求高时，应采用砂轮打磨。

（2）操作姿势　以对接和丁字形接头的平焊从左向右进行操作为例，如图 3-14 所示。操作者应位于焊缝前进方向的右侧；左手持面罩，右手握焊钳；左肘放在左膝上，以控制身体上部不做向下

图 3-14　焊接时的操作姿势

跟进动作；大臂必须离开肋部，不要有依托，应伸展自由。

（3）引弧　引弧（图 3-15）就是使焊条与焊件之间产生稳定的电弧，以加热焊条和焊件进行焊接的过程。常用的引弧方法有划擦法和敲击法两种，如图 3-16 所示。焊接时将焊条端部与焊件表面通过划擦或轻敲接触，形成短路，然后迅速将焊条提起 2～4mm 距离，电弧即被引燃。若焊条提起距离太高，则电弧立即熄灭；若焊条与焊件接触时间太长，就会粘条，产生短路，这时可左右摆动拉开焊条重新引弧或松开焊钳，切断电源，待焊条冷却后再做处理；若焊条与焊件经接触而未起弧，往往是焊条端部有药皮等妨碍了导电，这时可重击几下，将这些绝缘物清除，直到露出焊芯金属表面。

图 3-15　引弧方法

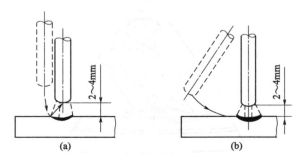

图 3-16　划擦法（a）和敲击法（b）

　　焊接时，一般选择焊缝前端 10～20mm 处作为引弧的起点。对焊接表面要求很平整的焊件，可以另外用引弧板引弧。如果焊件厚薄不一致、高低不平、间隙不相等，则应在薄件上引弧向厚件施焊，从大间隙处引弧向小间隙处施焊，由低的焊件引弧向高的焊件处施焊。

　　（4）焊接的点固　　为了固定两焊件的相对位置，以便施焊，在焊接装配时，每隔一定距离焊上 30～40mm 的短焊缝，使焊件相互位置固定，称为点固，或称定位焊，如图 3-17 所示。

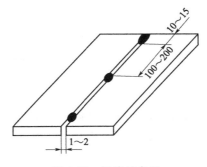

图 3-17　焊接的点固

　　（5）运条　　焊条的操作运动简称为运条。焊条的操作运动实际上是一种合成运动，即焊条同时完成三个基本方向的运动：焊条沿焊接方向逐渐移动；焊条向熔池方向做逐渐送进运动；焊条的横向摆动，如图 3-18 所示。

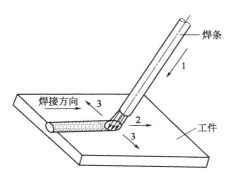

图 3-18　焊条的三个基本运动方向

（6）灭弧（熄弧）　在焊接过程中，电弧的熄灭是不可避免的。灭弧不好，会形成很浅的熔池，焊缝金属的密度和强度差，因此最易形成裂纹、气孔和夹渣等缺陷。灭弧时将焊条端部灭弧，见图 3-19。

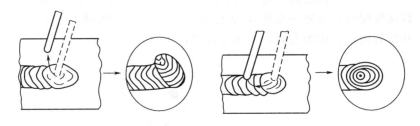

图 3-19　灭弧

逐渐往坡口斜角方向拉，同时逐渐抬高电弧，以缩小熔池，减小金属量及热量，使灭弧处不致产生裂纹、气孔等缺陷。灭弧时堆高弧坑的焊缝金属，使熔池饱满地过渡，焊好后，锉去或铲去多余部分。灭弧操作方法有多种，应根据实际情况选用。

（7）焊缝的起头、连接和收尾

① 焊缝的起头。焊缝的起头是指刚开始焊接的部分，如图 3-20 所示。在一般情况下，因为焊件在未焊时温度低，引弧后常不能使温度迅速升高，所以这部分熔深较浅，使焊缝强度减弱。为此，应在起弧后先将电弧稍拉长，以利于对端头进行必要的预热，然后适当缩短弧长进行正常焊接。

② 焊缝的连接。手弧焊时，由于受焊条长度的限制，不可能一根焊条完成一条焊缝，因而出现了两段焊缝前后之间连接的问题。应使后焊的焊缝和先焊的焊缝均匀连接，避免产生连接处过高、脱节和宽窄不一的缺陷。

③ 焊缝的收尾。一条焊缝焊完后，应把收尾处的弧坑填满。当一条焊缝收尾时，如果熄弧动作不当，则会形成比母材低的弧坑，从而使焊缝强度降低，并形成裂纹。碱性焊条因熄弧不当而引

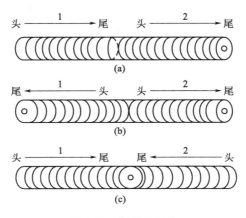

图 3-20　焊缝的起头

起的弧坑中常伴有气孔出现，所以不允许有弧坑出现。因此，必须正确掌握焊缝的收尾工作，一般收尾动作有如下几种。

　　a. 划圈收尾法。如图 3-21（a）所示，电弧在焊段收尾处做圆圈运动，直到弧坑填满后再慢慢提起焊条熄弧。此方法最适宜用于厚板焊接中。若用于薄板，则易烧穿。

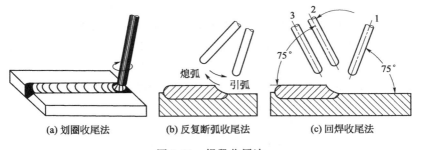

图 3-21　焊段收尾法

　　b. 反复断弧收尾法。在焊段收尾处，在较短时间内，电弧反复熄弧和引弧数次，直到弧坑填满，如图 3-21（b）所示。此方法多用于薄板和多层焊的底层焊中。

　　c. 回焊收尾法。电弧在焊段收尾处停住，同时改变焊条的方向，如图 3-21(c) 所示，由位置 1 移至位置 2，待弧坑填满后，再稍稍后移至位置 3，然后慢慢拉断电弧。此方法对碱性焊条较为适宜。

（8）焊件清理　焊后用钢丝刷等工具将焊渣和飞溅物清理干净。焊缝上覆盖的焊渣必须去除，而且经常需要对焊缝进行打磨或用风铲铲除焊接缺陷。这些工作需要使用手工或电动工具，而清除下来的东西有可能会飞到空中，导致危险。

三、不安全因素和事故

1. 放射区

有时焊工需要在有放射性的区域中工作，例如，核电站的设备维护或维修时的焊接操作。在这种情况下，需要特别谨慎，必须用适当的方法确定辐射强度、遭受辐射的时间、防辐射方法及其他因素。有时辐射时间可能会很短，例如，采用自动焊时，焊工在布置好自动焊设备后就迅速离开现场，进行远程操作。只有具有放射区工作知识和经验的合格的人员才允许进行这种类型的工作。

2. 噪声

用风铲铲焊缝或用锤子锤击焊缝均会产生很大噪声，需要进行控制。过大的噪声会损害人的听觉，并可能导致其他伤害。长时间接触噪声可引起暂时性或永久性失聪。OSHA 职业安全及健康条例规范中规定了允许的噪声水平。大电流碳弧气刨产生过大的噪声，而大电流等离子弧切割也会产生过大的噪声。进行这两种工作时，工作人员应戴上耳塞。

应使用噪声测量装置来测量工作区的噪声，以确定是否需要采取保护措施。一般电弧焊所产生的噪声水平不超过 OSHA 规定的允许水平。但如果再加上其他工业设备所产生的噪声，就可能会超过允许值。可采用专用仪器来测量并监视噪声大小，且应参照美国焊接学会编写的《手工电弧焊及切割噪声水平测量方法》进行。噪声测量必须由经过培训的合格人员来进行，可要求单位的安全部门或政府的市场监管代表提供帮助。噪声水平随着离噪声源距离的增大而迅速下降。可通过安装噪声衰减设备来降低过高的噪声，如消音器或消音装置等。

3. 触电

触电是手工电弧焊的主要危险之一，造成触电事故的原因有如下几条。

① 在更换焊条、电极和焊接操作中，身体某部位接触到焊条、焊钳或焊枪的带电部分，而脚或身体其他部位对地和金属结构之间无绝缘保护；在金属容器、管道、锅炉、船舱内或金属结构上，或当焊工身上大量出汗，或在阴雨天、潮湿的地点焊接，尤其容易发生这种事故。

② 在接线、调节焊接电流和移动焊接设备时，手或身体某部位碰触到接线柱、极板带电体而发生触电。

③ 电焊设备的罩壳漏电，人体碰触罩壳而触电。

④ 由于电焊设备接地错误而引起的事故，例如，焊机的火线与零线接错，使外壳带电，人体碰触壳体而触电。

⑤ 在电焊操作过程中，人体触及绝缘破损的电缆、破裂的胶木盒等。

⑥ 由于利用厂房的金属结构、管道、轨道、天车吊钩或其他金属物体搭接作为焊接回路而发生的触电事故。

4. 电气火灾

焊机和线路的短路、超负荷等能引起电气火灾。

5. 二次事故

登高电焊作业，除可能发生直接从高处坠落伤亡的事故外，还可能发生触电失控，从空中坠落的二次事故。

6. 电焊烟尘和弧光辐射

① 电焊烟尘是由焊条（焊芯和药皮）及焊件金属在电弧高温作用下熔融时蒸发、凝结和氧化而产生的。它是明弧焊的一种有害因素，尤其是黑色金属涂料焊条手工电弧焊、CO_2气体保护焊以及自保护焊丝电弧焊比较突出，是防护的重点。

② 电焊烟尘的成分比较复杂。烟尘中的主要有毒物质是锰。

对于低氢型普通钢焊条，主要有毒物质还有氟，特别是可溶性氟。

③ 各类焊条发生尘量可采用静电柜集尘和抽气滤膜或静电滤膜集尘法测定。前者设备费用较大，测定方法比较费时；后者设备较简单，是目前通常采用的测定焊条烟尘的方法。

④ 电焊烟尘的危害主要有造成焊工肺尘埃沉着病、锰中毒、金属热等。

7. 其他危险

焊接或切割面临的其他危险主要是下落的物体引起的危险。在施工现场及某些工厂，应同时戴上硬质安全帽和焊接面罩。另外，在钢厂、锻造车间、金属结构车间中的工作人员还会面临从高处不慎掉落、在重大部件附近工作、在高温部件附近工作等的危险。丢在地板上的焊条头起着小辊子的作用，不小心踩在上面，容易使人滑倒，因此务必将焊条头放在专用废物箱里面，不要丢在地板或工作面上。

四、手工电弧焊安全操作规程

1. 焊接切割人员的安全要求

（1）从事焊接切割的工作人员必须具有健康的体魄，有县级以上医院出具的健康体检证明。

（2）从事焊接和切割的工作人员，必须经过专门的培训，并已掌握正确的操作方法和懂得处理一般异常现象；掌握一般电气知识，遵守焊工一般安全规程；还应熟悉灭火技术、触电急救及人工呼吸方法。

（3）工作前应检查焊机电源线、引出线及各接线点是否良好，若线路横越车行道时应架空或加保护盖；焊机二次线路及外壳必须有良好接地；焊钳把绝缘必须良好，焊接回路线接头不宜超过三个。

（4）下雨天不准露天进行电焊，在潮湿地带工作时，应站在铺有绝缘物品的地方并穿好绝缘鞋。

（5）移动式焊机从电力网上接线或拆线，以及接地、更换熔丝等工作，均应由电工进行。

（6）推闸刀开关时身体要偏斜些，要一次推足，然后开启焊机；停机时，要先关焊机，才能拉断电源闸刀开关。

（7）移动焊机位置，应先停机断电；焊接中突然停电，应立即关闭焊机。注意焊机电缆接头移动后应进行检查，保证牢固可靠。

（8）在人多的地方焊接时，应安设遮栏挡住弧光。无遮栏防护时应提醒周围人员不要直视弧光。

（9）换焊条时应戴好手套，身体不要靠在铁板或其他导电物件上。敲渣子时应戴上防护眼镜。

（10）焊接有色金属器件时，应加强通风排毒，必要时使用过滤式防毒面具。

（11）修理煤气管或在泄漏煤气的地方进行焊接时，要事先通知煤气站及消防、安监部门，得到允许后方可工作。工作前必须关闭气源，加强通风，把积余煤气排除干净。修理机械设备，应将其保护零（地）线暂时拆开，焊完后再行连接。

（12）焊机启动后，焊工的手和身体不应随便接触二次回路导体，如焊钳或焊枪的带电部位、工作台、所焊工件等。在容器内作业，在潮湿、狭窄部位作业，夏天身上出汗或阴雨天等情况下作业，应穿干燥衣物，必要时要铺设橡胶绝缘垫。在任何情况下，都不得使操作者自身成为焊接回路的一部分。

（13）焊接和切割的人员，必须熟悉乙炔、工业气、氧气的特性及其防火、防爆规则。

（14）锅炉、压力钢管的一、二类焊缝及其他承压部件的焊接，必须由经过培训并考试取得合格证的焊工担任。

（15）工作完毕应先关闭焊机，再断开电源。

2. 焊工服装和防护用具的安全要求

（1）焊工上岗时应穿白色或近似于白色的帆布工作服，戴工作帽和焊工手套，脚面上应穿戴有鞋罩。

（2）进行电焊工作时，必须使用合格的防护面罩、电焊手套，防止弧光辐射造成的晃眼和烧伤。

(3) 焊工手套应是合格的,焊工不得戴有破损和潮湿的手套。在可能导电的焊接场所工作时,所用的手套应该用具有绝缘性能的材料制成(或附加绝缘层),经耐电压(5000V)试验合格后方能使用。

(4) 应穿合格的橡胶底防护鞋,焊工穿的防护鞋应经耐电压(5000V)试验合格。在有积水的地面上焊接时,焊工应穿经过耐电压(6000V)试验合格的防水橡胶鞋。

(5) 在清理焊渣时,应戴上防护眼镜,并避免对着有人的方向敲打,防止焊渣伤害眼睛。

3. 焊接设备的安全要求

(1) 焊机电源应使用空气开关或漏电保护开关,并装在密闭的箱内,焊机应有可靠的接地线。

(2) 焊机工作所用的导线,必须绝缘良好,搭接牢固,防止造成电源接地或局部发热。

(3) 连接焊钳一端的焊把线,采用多股细铜线电缆,其截面积要求应根据焊接需要的载流量和长度,按规定选用。电缆至少应为5m长的绝缘软导线,最长不应超过50m,一般长度取20～30m为宜。焊接电缆截面积与电流、电缆长度的关系见表3-9。

表3-9　焊接电缆截面积与电流、电缆长度的关系

电流/A	电缆截面积/mm²						
	20m	30m	40m	50m	60m	70m	80m
100	25	25	25	25	25	25	25
150	35	35	35	35	50	50	60
200	35	35	35	50	60	70	70
300	35	50	60	60	70	70	70
400	35	50	60	70	85	85	85
500	50	60	70	85	95	95	95

(4) 电缆绝缘性能良好,其绝缘电阻不应小于 $1M\Omega \cdot mm^2$。

(5) 焊钳必须符合下列要求:

① 能牢固地夹着焊条；

② 保证焊钳和焊条的接触良好；

③ 更换焊条方便；

④ 握柄必须用绝缘材料制成；

⑤ 由耐热材料制成。

4. 焊接工作中的安全要求

（1）焊接工作开始前，应首先检查焊机和工具是否完好和安全可靠，如焊钳和焊接电缆的绝缘是否有损坏的地方，焊机的外壳接地和焊机的各接线点接触是否良好。不允许未进行安全检查就开始操作。

（2）焊接场地周围应设挡光屏，防止弧光伤眼。

（3）当环境温度在0℃以下进行焊接时，应对工件进行必要的升温措施，防止在焊接时散热过快，造成焊缝裂纹。

（4）不准在带有压力或带电的设备上进行焊接工作。必须焊接时，应采取可靠的安全技术措施，并经总工程师或技术总负责人批准。

（5）禁止在装有易燃、易爆物品的容器上或油漆未干的结构上进行焊接工作。

（6）在金属容器，如汽包、空气罐等内部进行焊接时，应采取可靠的防触电的安全措施和安全通风措施。

（7）在潮湿的地点进行电焊工作必须站在干燥的木板上或穿橡胶绝缘鞋，加强防止触电的措施。

（8）焊接场地应经常清扫，设置焊条箱，焊把线收放整齐。

（9）焊接设备应设置在固定或移动式的工作台上，焊机各接线点应接触良好，并有可靠的独立接地。

（10）焊机的裸露导电部分应装有保护罩。

（11）焊接设备的电源空气开关、磁力启动器应装在木制开关板或绝缘性能良好的操作台上，严禁直接装在金属板上。

（12）临时露天的焊机应设置在干燥场所，并应有棚遮盖。

（13）电焊时所使用的凳子必须用木材或其他绝缘材料制作。

（14）在接合或拉断电源时，应戴干燥的手套，另一只手不得按在焊机外壳上，推拉空气开关的瞬间面部不得正对开关。

（15）工作时禁止将焊把线缠在、搭在身上或踏在脚下，当焊机处于工作状态时，不得触摸导电部分。

（16）在金属容器内焊接时，其内部温度不得超过40℃。如内部温度在40～50℃时，则应实行轮换作业，或采取其他对人体保护的措施。

（17）在坑井或深沟内焊接时，必须首先检查有无积聚的可燃气体或一氧化碳气体，如有应排除并保持其通风良好，设强制提升保险绳，专人监护。必要时应设除尘措施。

（18）在梯子上只能进行短时不繁重的工作，梯子下端应有防滑装置，禁止在梯子的最高踏步层上进行工作。

（19）焊机电源熔丝，应根据焊机工作的最大电流来选定，禁止使用其他金属代替。

（20）焊机的熔断器应单独设置，禁止两台及以上的焊机共用一组熔断器。

（21）身体出汗后而使衣服潮湿时，切勿靠在带电的钢板或工件上，以防触电。

（22）更换焊条时一定要戴皮手套，不要赤手操作。

（23）在带电情况下，为了安全，焊钳不得夹在腋下去搬被焊工件或将焊接电缆挂在脖颈上。

（24）进行如下工作改变焊机接头时必须切断电源：

① 更换焊件需要改接二次回路时；

② 更换保险装置时；

③ 焊机发生故障需进行检修时；

④ 转移工作地点搬动焊机时；

⑤ 工作完毕或临时离开工作现场时。

（25）焊接设备二次端的焊把线既不准接地，也不准接零。

（26）接地线或零线时，先接接地体或零干线，后接设备外壳，拆除则反之。

（27）焊机的回路地线不能乱拉乱搭。严禁用氧气、乙炔等易燃易爆物的气瓶作为接地装置，防止由于产生电阻热或引弧时冲击电流的作用产生火花而引爆。

（28）正确处理过热的焊钳，禁止将过热的焊钳浸在水中，热焊钳应空冷后再使用。

（29）选用合适的导线电缆，禁止利用厂房的金属结构、轨道、管道、暖气设施或其他金属物体搭接起来作焊接导线电缆。

5. 二氧化碳气体保护焊安全操作规程

从事二氧化碳气体（CO_2）保护焊接的工作人员应遵守手工电弧焊的相关规定，并注意下面几点：

（1）从事二氧化碳气体保护焊人员应熟悉气瓶使用要求，学习焊机使用和气体调节器的说明书中的规定。

（2）二氧化碳气体在高温电弧作用下，可分解产生一氧化碳有害气体，工作场所必须通风良好。

（3）CO_2气体保护焊，焊接时飞溅大，弧光辐射强烈，工作人员必须穿白色工作服，戴皮手套和防护面罩。

（4）装有CO_2的气瓶，不能在阳光下暴晒或接近高温物体，以免引起瓶内压力增加而发生爆炸。气瓶应稳固直立，开启气阀时不可站在气体调节器的前方（压力表前方），要缓缓地将阀逐渐打开到全开位置。

（5）安装气体调节器前应清除高压气瓶与气体调节器连接部分的油污、水分、灰尘、泥沙等附着物，防止油污、油脂等对气体调节器造成污染。

（6）切记绝对不可将焊枪挂在气瓶上，注意电极不要与气瓶接触。

（7）CO_2气瓶的搬运和储存应按照气瓶搬运与保管的有关规定执行。若发现气体调节器外观损伤或怀疑漏气，应停止使用。

（8）使用气体调节器应了解气体调节器的适用范围。所配用的气体调节器不适合虹吸式CO_2容器。

（9）气体调节器为非防水构造，若在户外使用，应采取防水保护措施，避免雨淋，并应避免阳光直接照射。

（10）避免由于情况异常造成压力升高而导致气体调节器损坏，气体调节器上装有安全阀，切不可对安全阀的工作压力进行调整，安全阀在发生泄漏时，其压力调节功能已丧失，应停止使用。

（11）CO_2气体预热器的电源应采用 36V 电压，工作结束时将电源切断。气体调节器应接地。

第二节　碳弧气刨

一、碳弧气刨原理

1.简介

碳弧气刨是使用碳棒或石墨棒作电极，与工件间产生电弧，将金属熔化，并用压缩空气将熔化金属吹除的一种表面加工沟槽的方法。在焊接生产中，主要用来刨槽、消除焊缝缺陷和背面清根。

碳弧气刨原理见图 3-22。

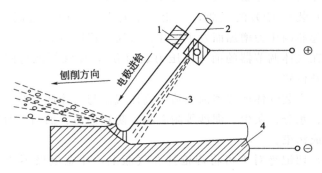

图 3-22　碳弧气刨原理

1—刨钳；2—电极；3—压缩空气；4—工件

碳弧气刨有很高的工作效率且适用性强。用自动碳弧气刨加工较长的焊缝和环焊缝的坡口，具有较高的加工精度，同时可减轻劳动强度。手工碳弧气刨的灵活性大，可进行全位置操作，适合于不规则的焊缝加工坡口。手工碳弧气刨的操作要求高。碳弧气刨可以用来挑焊根、开坡口、刨除焊缝缺陷等。

普通碳弧气刨的缺点是有烟雾、粉尘污染及弧光辐射，影响操作者的健康，利用水碳弧气刨可以克服上述缺点。

2. 特点

（1）与用风铲或砂轮相比，效率高，噪声小，并可减轻劳动强度。

（2）与等离子弧气刨相比，设备简单，压缩空气容易获得且成本低。

（3）由于碳弧气刨是利用高温而不是利用氧化作用刨削金属，因而不但适用于黑色金属，而且还适用于不锈钢、铝、铜等有色金属及其合金。

（4）由于碳弧气刨是利用压缩空气把熔化金属吹去，因而可进行全位置操作；手工碳弧气刨的灵活性和可操作性较好，因而在狭窄工位或可达性差的部位，碳弧气刨仍可使用。

（5）在清除焊缝或铸件缺陷时，被刨削面光洁锃亮，在电弧下可清楚地观察到缺陷的形状和深度，故有利于清除缺陷。

（6）碳弧气刨也具有明显的缺点，如产生烟雾、噪声较大、粉尘污染、弧光辐射、对操作者的技术要求高、热输入值较高等。

二、碳弧气刨应用范围

目前，碳弧气刨这种方法已被广泛应用于造船、机械制造、锅炉和压力容器等金属结构制造企业和部门。它的应用范围：

（1）主要用于双面焊时清理背面焊根。

（2）清理焊缝中的缺陷。

（3）自动碳弧气刨用来为较长的焊缝和环焊缝加工坡口；手工碳弧气刨用来为单件、不规则的焊缝加工坡口。

（4）清除铸件的毛边，清除烧冒口和铸件中的缺陷。

（5）切割高合金钢、铝、铜及其合金等。

碳弧气刨比风铲的噪声小，能减轻劳动强度，工作过程中要注意通风，以免对焊工的健康有不利影响。

三、手工碳弧气刨安全操作规程

1. 特点

① 碳弧气刨可比风铲提高生产率 4 倍；

② 可用于清焊根、开坡口，尤其是 U 形坡口；

③ 可用于清理铸件的毛边、飞刺、浇冒口及铸件中的缺陷；

④ 可切割不锈钢、薄板及有色金属等；

⑤ 可在板材上开孔、刨削焊缝表面的余高。

2. 碳弧气刨的安全防护

① 碳弧气刨由于弧光较强，操作人员应戴上深色护目镜，防止喷吹出来的熔融金属烧损作业服及对眼睛的伤害，工作场地应注意防火。

② 气刨时烟尘大，由于碳棒使用沥青黏结而成，表面镀铜，因此烟尘中含有 $1\% \sim 1.5\%$ 的铜，并产生有害气体，所以操作者宜佩戴送风式面罩。在容器或狭小部位操作时，必须加强环境抽风和及时排出烟尘的措施。

③ 碳弧气刨时，使用的电流较大，应注意防止焊机运行过载和长时间使用而产生过热现象。气刨时，产生的噪声较大，操作者应佩戴耳塞。

④ 除上述安全防护措施外，还应遵守焊条电弧焊的有关防护措施的规定。

3. 遵守事项

① 操作时，尤其是进行全位置刨削时应穿戴防护用品。

② 操作时应控制火花内溅，操作地点的防火距离应大于一般焊接、切割的防火距离。

③ 露天作业应站在顺风方向操作，防止飞散的金属熔渣烫伤，并注意工作场所防火。

④ 因电流较大，应防止焊机过载和过长时间使用而烧毁焊接设备。

⑤ 碳弧气刨时烟尘较多，操作时应加强劳动保护。

⑥ 碳弧气刨时应采用专用碳弧气刨碳棒。

⑦ 气刨枪应放在绝缘架上。

4. 气刨工艺

碳弧气刨的工艺参数有电源极性、气刨电流与碳棒直径、刨削速度和压缩空气的压力等。

（1）电源极性　碳弧气刨碳钢和合金钢时，采用直流反接。气刨时电弧稳定，刨削速度均匀，电弧发出连续的"唰唰"声，刨槽两侧宽窄一致，表面光滑明亮。若极性接错，则电弧发生抖动，并发出连续的"嘟嘟"声，刨槽两侧呈现与电弧抖动声相对应的圆弧状，此时应将极性倒过来。

（2）气刨电流与碳棒直径　气刨电流和碳棒直径成正比，一般可参照下面的经验公式选择气刨电流。

$$I = (30 \sim 50)d$$

式中　I——电流，A；

　　　d——碳棒直径，mm。

对于一定直径的碳棒，如果电流较小，则电弧不稳，且易产生夹碳缺陷；若电流过大，可提高刨削速度，刨槽表面光滑，宽度增加。一般选用较大的电流，易于操作。但电流过大时，碳棒烧损较快，甚至碳棒熔化，造成严重渗碳。

碳棒直径的选择与钢板厚度有关，具体见表3-10。

表 3-10　碳棒直径的选择　　　　单位：mm

钢板厚度	4～6	6～8	8～12	12～18	＞18
碳棒直径	4	4～6	6～7	7～10	10

（3）刨削速度　刨削速度对刨槽尺寸、表面质量和刨削过程的稳定性有一定影响。刨削速度与电流大小和刨槽深度（或碳棒与工件间的倾角）相匹配；刨削速度太快，易造成碳棒与金属短路，电弧熄灭，形成夹碳缺陷。一般刨削速度以 0.5～1.2m/min 左右为宜。

（4）压缩空气的压力　压缩空气的压力会直接影响刨削速度和

刨槽表面质量。压力高，可提高刨削速度和刨槽表面的光滑程度；压力低，则造成刨槽表面粘渣。一般压缩空气的压力为 0.4～0.6MPa。压缩空气所含水分和油分可通过在压缩空气的管路上加过滤装置予以限制。

（5）当环境温度低于 5℃时，凡常温需预热焊接的钢种，利用碳弧气刨清根和修理缺陷时，也必须预热后方可操作。

（6）气刨后应彻底清理槽口，尤其是造成增碳部分应彻底清除。如果刨口产生裂纹等缺陷，应查明原因，清除缺陷。

四、碳弧气刨设备的选用

1. 用电设备

碳弧气刨一般采用直流电源。对电源的特性要求则与焊条电弧焊一样，即要求具有下降外特性和较好的动特性。因此，直流弧焊发电机具有下降外特性的各种弧焊电源，都可以作为碳弧气刨的电源。碳弧气刨一般选用的电流较大且连续工作时间长，因此，应选用功率较大的直流弧焊机。一般常用的直流弧焊机有 AX1-500 型（AB500 型）、ZX5-400 型等，也可以采用额定电流为 500A 的交流弧焊变压器，经硅元件单相波整流后用于碳弧气刨。若焊机容量小，一台不够时，可采用两台焊机并联，也可以选用功率比较大的焊接整流器，使用时要防止超负荷，以保证设备的安全。

2. 碳弧气刨枪

碳弧气刨枪是碳弧气刨最主要的工具，有周围送风式及侧面送风式两种类型。为便于生产，保证气刨质量，气刨枪必须导电性能良好，送风有力而准确，能牢固地夹持碳棒（电极），调整和更换碳棒灵活方便。此外，其结构简单、质量轻、操作方便、外壳绝缘良好。

（1）周围送风式气刨枪，见图 3-23。枪体头部有分瓣弹性夹头。周围方向有若干个方形出风槽。压缩空气由出风槽沿碳棒四周吹出，使碳棒均匀冷却。刨削时熔渣从槽的两侧吹出，刨槽的前端无熔渣堆积，可以看清刨削方向。该枪质量轻、使用灵活，适合各种位置操作。

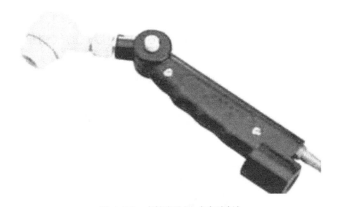

图 3-23　周围送风式气刨枪

（2）侧面送风式气刨枪有钳式侧面送风和旋转式侧面送风两种。钳式侧面送风气刨枪可以用旧的焊钳改装。旋转式侧面送风气刨枪（见图 3-24）的压缩空气从喷嘴上两个小孔喷出，并集中吹

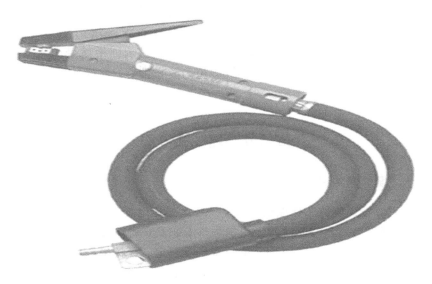

图 3-24　旋风式侧面送风气刨枪

125

在碳棒电弧的后侧，喷嘴能在连接套中做 360°回转，连接套与主体采用螺栓连接，连接套与主体之间可做适当的转动。由于气刨枪头部可根据需要转成各种位置，因此，这种形式的气刨枪应用范围较广。

此外，把手动碳弧气刨枪手把稍做改造，并安装上两个轮子，便可称为半自动碳弧气刨枪，从而实现半自动施工，这种改造的小车式半自动碳弧气刨枪适合气刨直线，可大大降低劳动强度。其形式如图 3-25 所示。

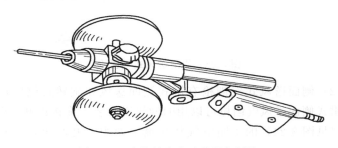

图 3-25　改装的半自动碳弧气刨枪

碳弧气刨所需的压缩空气要求压力稳定，压力为 0.5～0.6MPa，压缩空气必须干燥且不明显含有影响刨槽质量的水分。压缩空气有的通过连接气管和气刨枪的胶管供给，有的通过风电合一的碳弧气刨软管供给。

第三节　埋　弧　焊

一、埋弧焊的原理及特点

1. 埋弧焊的工作原理

埋弧焊（含埋弧堆焊及电渣堆焊等）是一种电弧在焊剂层下燃烧进行焊接的方法。其固有的焊接质量稳定、焊接生产率高、无弧光及烟尘很少等优点，使其成为压力容器、管段、箱型梁柱等重要钢结构制作中的主要焊接方法。近年来，虽然先后出现了许多种高效、优质的新型焊接方法，但埋弧焊的应用领域依然未受任何影响。从各种熔焊方法的熔敷金属质量所占份额的角度来看，埋弧焊约占10％，且多年来一直变化不大。埋弧焊见图3-26。

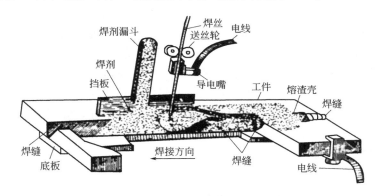

图 3-26　埋弧焊示意图

当焊丝确定以后（通常取决于所焊的钢种），配套用的焊剂则成为关键材料，它直接影响焊缝金属的力学性能（特别是塑性及低温韧性）、抗裂性能、焊接缺陷发生率及焊接生产率等。焊丝与焊剂的配用质量比为焊丝：焊剂＝1.1∶1.6，视焊接接头类型、所用焊剂种类、焊接规范参数而定。与熔炼焊剂相比，烧结焊剂用量较为节省，约可少用20％。

我国每年采用的焊剂量在5万吨左右，其中70％约为熔炼焊剂，其余为非熔炼焊剂。欧美工业发达国家以非熔炼焊剂为主，约80％～90％，但仍然有熔炼焊剂生产销售，熔炼焊剂这种持久的生产力与其固有的一些特点有关。

近年来，在我国出现了一种钢筋的新的焊接方法，即竖向钢筋电弧-电渣压力焊。与以前的钢筋搭接手工电弧焊法相比，可节约钢材15％以上，生产率大大提高，焊接材料消耗费用也有所降低，确有取代后者的发展趋势，应用日益广泛。该方法主要使用熔炼焊剂，它起到维弧、电渣加热、金属凝固模体等作用。目前我国熔炼焊剂的1/5左右用于竖向钢筋的焊接。

2. 埋弧焊的特点

埋弧焊是当今生产效率较高的机械化焊接方法之一，它的全称是埋弧自动焊，又称焊剂层下自动电弧焊。其特点是：

（1）熔深大，生产效率高　一方面焊丝导电长度缩短，电流和电流密度提高，因此电弧的熔深和焊丝熔敷效率都大大提高（一般不开坡口单面一次熔深可达 20mm）；另一方面由于焊剂和熔渣的隔热作用，电弧上基本没有热的辐射散失，飞溅也少，虽然用于熔化焊剂的热量损耗有所增大，但总的热效率仍然大大增加。

（2）焊缝质量高　熔渣隔绝空气的保护效果好，焊接参数可以自动调节保持稳定，对焊工技术水平要求不高，焊缝成分稳定，机械性能比较好。

（3）节省焊接材料和电能。

（4）劳动条件好　除了减轻手工焊操作的劳动强度外，它没有弧光辐射，这是埋弧焊的独特优点。

（5）对坡口精度、组对间隙等的要求高　由于是机械化焊接，对坡口精度、组对间隙等的要求就比较严格。

二、埋弧自动焊的过程

埋弧自动焊接时，引燃电弧、送丝、电弧沿焊接方向移动及焊接收尾等过程完全由机械来完成。

1. 埋弧自动焊机

埋弧自动焊机外形如图 3-27 所示。

焊接过程是通过操作控制盘上的按钮开关来实现自动控制的。焊接过程中，在工件被焊处覆盖着一层 30～50mm 厚的粒状焊剂，连续送进的焊丝在焊剂层下与焊件间产生电弧，电弧的热量使焊丝、工件和焊剂熔化，形成金属熔池，使它们与空气隔绝。随着焊机自动向前移动，电弧不断熔化前方的焊件金属、焊丝及焊剂，而熔池后方的边缘开始冷却凝固形成焊缝，液态熔渣随后也冷凝形成坚硬的渣壳。未熔化的焊剂可回收使用。

焊丝和焊剂在焊接时的作用与手工电弧焊的焊条芯、焊条药皮

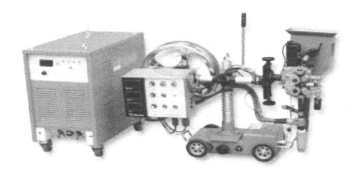

图 3-27　埋弧自动焊机外形

一样。焊接不同的材料应选择不同成分的焊丝和焊剂。如焊接低碳钢时常用 H08A 焊丝，配用高锰高硅型焊剂 HJ431 等。焊接电源通常采用容量较大的弧焊变压器。

通用埋弧自动焊机都采用焊车式行走机构，适合于焊接平板对接焊缝、船形位置角焊缝及内外环焊缝等。目前有几种通用焊车式埋弧自动焊机可供选用，主要技术数据见表 3-11。

表 3-11　通用焊车式埋弧自动焊机主要技术数据

焊机型号	送丝类型	电流种类	电流范围/A	焊丝直径/mm	常用调整电源
MZ-1000	均匀焊圈	交流或直流	400～1200	3～6	BX_2-1000
MZ_1-1000	等速送丝	交流或直流	200～1000	1.6～5	BX_2-500 AX_2-500
MZ_1-1-1000	均匀调节	交流或直流	200～1000	3～6	ZXG-1000R
MZA-1000	均匀调节	直流	200～1000	3～5	焊机匹配电源

（1）等速送进式埋弧自动焊机　最典型的等速送进式埋弧自动焊机是 MZ_1-1000，它是由电源、控制箱、焊接小车三部分组成的。焊接过程中，焊丝送进速度不变，这种焊机依靠电弧自动调节作用来维持弧长不变。在正常情况下，焊丝的熔化速度等于送丝速度，弧长为一定值，其他工艺参数也不变化。当有外界干扰时，如焊件不平整或焊到有定位焊缝处时，会引起弧长发生改变，如使弧长缩

短。该焊机使用了具有下降特性的电源,电弧变短后,焊接电流会自动增加。电流增加会使焊丝熔化速度加大,熔化速度就会大于送丝速度,其结果是弧长要变长,直至恢复到原来的弧长,焊接电流也逐渐降低到原来的数值,又恢复到原来和送丝速度等于熔化速度平衡的状态,各工艺参数均不再发生变化。反之,当弧长变长时,焊接电流要减小,焊丝熔化速度降低,小于送丝速度,会使弧长变短,焊接电流逐渐增加,各工艺参数恢复到原来的数值。

埋弧自动焊可根据需要制成不同的形式,如焊车式、悬挂式、门架式和机床式等。图 3-28 为小车式埋弧焊机示意图。

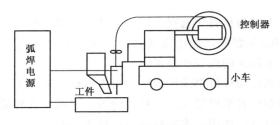

图 3-28　小车式埋弧焊机示意图

常用的埋弧自动焊机主要有 MZ-1000 型和 MZ_1-1000 型两种。

MZ-1000 型埋弧自动焊机主要由 MZT-1000 型自动焊接小车、MZP-1000 型控制箱和 BX-1000 型焊接变压器组成,相互之间由电缆线和控制线连接在一起。

MZ-1000 型埋弧自动焊机的送丝方式属于均匀调节式。适用的焊丝直径为 3~6mm,送丝速度可在 0.8~3.4cm/s 范围内调节;焊接速度可在 0.4~2.5cm/s 范围内调节;焊接电流调节范围为 400~1200A。它适用于焊接水平位置或水平倾斜 15° 的各种有坡口和无坡口对接、搭接和角接焊缝,并可借助转动胎具进行圆筒形焊件的内、外环缝的焊接。

MZT-1000 型自动焊接小车由机头、控制盒、焊丝盒、焊剂斗及小车等组成,其外形如图 3-29 所示。

自动焊的送丝机构由直流电机驱动,通过正齿轮和涡轮、蜗杆

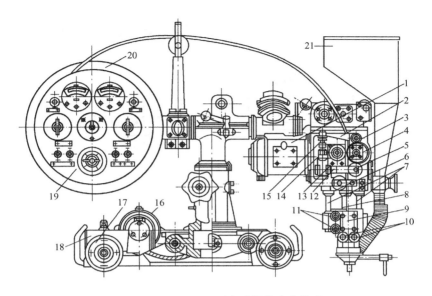

图 3-29 MZT-1000 型自动焊接小车外形

1—送丝电机；2—摆杆；3,4—送丝轮；5,6—矫直滚轮；7—圆柱导轨；8—螺杆；
9—导电嘴；10—螺钉（压紧导电块用）；11—螺钉（接电极用）；12—螺钉；
13—机头；14—调节螺母；15—弹簧；16—小车电动机；17—小车轮；
18—小车；19—控制盒；20—焊丝盒；21—焊剂斗

两级减速，带动送丝轮送进焊丝。焊丝的压紧程度是由调节螺母 14、弹簧 15，调节送丝轮 3 和 4 的轴距来实现的。行走机构由小车电动机 16 驱动，经二级减速后，可前后行走。送丝机构和小车行走的传动系统如图 3-30 所示。

控制盒上装有焊接电流表、电弧电压表、电弧电压和焊接速度调节器及各种控制开关、按钮（如"焊接""空载"转换开关，焊车的"前后""停止"开关，焊接的"启动""停止"转换开关，焊丝"向上""向下"开关，焊接电流增加和减小按钮等）。焊车的机头可根据需要进行调节，机头能左右旋转 90°，向后倾斜的最大角度为 45°，垂直方向位移为 85mm，横向位移为 ±30mm。

MZ-1000 型埋弧自动焊机的工作原理见图 3-31。

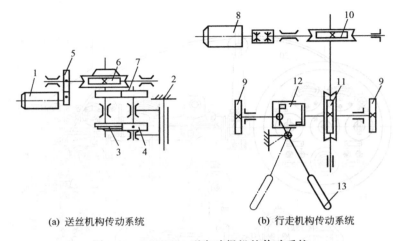

(a) 送丝机构传动系统　　　　　(b) 行走机构传动系统

图 3-30　MZ-1000 型自动焊机的传动系统

1—送丝电动机；2—摇杆；3,4—送丝轮；5,7—圆柱齿轮；6,10,11—蜗杆和涡轮；
8—小车；9—小车轮；12—离合器；13—手柄

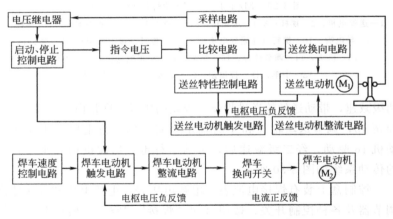

图 3-31　MZ-1000 型埋弧自动焊机的工作原理

MZP-1000 型控制箱内部装有电动机-发电机组，供给送丝和小车用的直流电源。此外，还有中间继电器、交流接触器、变压器、整流器和镇定电阻等。在控制箱正面，装有三相电源转换开关和控制线路插座。

（2）埋弧自动焊机的使用　焊接电源采用交流电时，一般配用 BX$_2$-1000 型焊接变压器；若采用直流电焊接时，可配用相当功率的整流或逆变焊接电源。

MZ-1000 型埋弧自动焊机的外部接线方法如图 3-32 和图 3-33 所示。

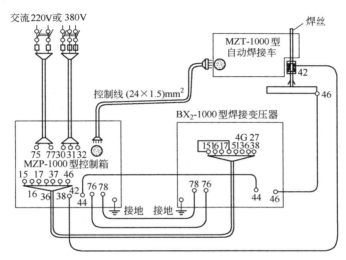

图 3-32　MZ-1000 型埋弧自动焊机的外部接线方法（交流）

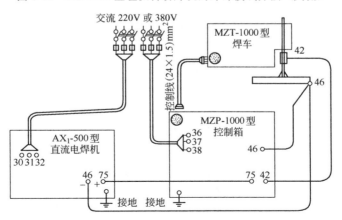

图 3-33　MZ-1000 型埋弧自动焊机的外部接线方法（直流）

　　埋弧焊机比手工焊条焊机复杂，使用焊机时，要遵守操作规程。与设备无关的人员或不熟悉焊机构造的人员，不要随便开动焊机。埋弧自动焊机常见故障及排除方法见表 3-12。

表 3-12　埋弧自动焊机常见故障及排除方法

故障性质	产生原因	排除方法
送丝电动机不转	送丝电动机有毛病 电动机电源线接点断开或损坏	修理送丝电动机 检查电路接点或修理
按启动按钮后，不见电弧产生	焊丝与电路未形成接触	清理焊接部位
按启动按钮后线路工作正常，但仍不起弧	焊接电源未接通 电源接触器的接触不良 焊丝与焊件接触不良	接通焊接电源 检查修复接触器 清理焊丝与焊件接触点
启动后，焊丝一直向上	机头上电弧电压反馈线断开 焊接电源未启动	接好电线 开启电源
启动后，焊丝粘住焊件	焊丝与焊件接触太紧 电弧电压太低或焊接电流太小	保证接触良好 调整电流或电压
线路正常，焊接工艺参数正确，但焊丝送给不匀，电弧不稳	送丝轮磨损或压得太松 焊丝被卡住 送丝机构有毛病 网络电压有波动 导电嘴导电不良或焊丝脏	调整或更换送丝轮 清理焊丝 检查或修理送丝机构 使用专用线路 更换导电嘴
启动后小车不动或焊接过程小车突然停止	离合器未合上 行走速度在最小位置 空载开关在空载位置	合上离合器 调好行走速度 改变空载开关位置
焊丝没有与焊件接触，焊接回路带电	小车与焊件绝缘不好	检查小车绝缘 修理绝缘部分
焊接过程中机头或导电嘴位置改变	焊接小车间隙过大	修理间隙 更换磨损件
焊机启动后，焊丝不时粘住或常断弧	粘住是由于焊接电流过小 常断弧是由于电压过高或电流过大	增加或减小电弧电压 调整焊接电流
导电嘴以下焊丝发红	导电嘴磨损 导电嘴间隙太大	更换导电嘴 调整导电嘴间隙

故障性质	产生原因	排除方法
导电嘴熔化	焊丝伸出太短 焊接电流大而电弧电压高 引弧时焊丝与焊件接触太紧	增加焊丝伸出长度 调到合适工艺参数 保证接触良好
停止焊接后焊丝与焊件粘住	停止按钮操作未分两步进行	按焊机规定程序操作停止按钮

2. 埋弧自动焊的优点、操作技术、焊前准备、工艺参数

（1）优点

① 生产率高。埋弧焊的焊丝伸出长度（从导电嘴末端到电弧端部的焊丝长度）远较手工电弧焊的焊条短，一般在 50mm 左右，而且是光焊丝，不会因提高电流而造成焊条药皮发红问题，可使用较大的电流（比手工焊大 5～10 倍），因此，熔深大，生产率较高。对于 20mm 以下的对接焊可以不开坡口，不留间隙，这就减少了填充金属的量。

② 焊缝质量高。对焊接熔池保护较完善，焊缝金属中杂质较少，只要焊接工艺选择恰当，较易获得稳定高质量的焊缝。

③ 劳动条件好。除了减轻手工操作的劳动强度外，电弧弧光埋在焊剂层下，没有弧光辐射，劳动条件较好。埋弧自动焊至今仍然是工业生产中最常用的一种焊接方法，适于批量较大、较厚、较长的直线焊接及较大直径的环形焊缝的焊接。其广泛应用于化工容器、锅炉、造船、桥梁等金属结构的焊接。

这种方法也有不足之处，如不及手工焊灵活，一般只适合于水平位置或倾斜度不大的焊缝；工件边缘准备和装配质量要求较高、费工时；由于是埋弧操作，看不到熔池和焊缝形成过程，因此，必须严格控制焊接规范。

（2）操作技术

① 埋弧自动焊机的小车轮子要有良好绝缘，导线应绝缘良好，工作过程中应理顺导线，防止扭转及被熔渣烧坏。

② 控制箱和焊机外壳应可靠接地（零）和防止漏电。接线板

罩壳必须盖好。

③ 焊接过程中应注意防止焊剂突然停止供给而发生强烈弧光灼伤眼睛。所以，焊工作业时应戴普通防护眼镜。

④ 半自动埋弧焊的焊把应有固定放置处，以防短路。

⑤ 埋弧自动焊熔剂的成分里含有氧化锰等对人体有害的物质。焊接时虽不像手弧焊那样产生可见烟雾，但将产生一定量的有害气体和蒸气。所以，在工作地点最好有局部的抽气通风设备。

（3）焊前准备　埋弧焊在焊接前必须做好准备工作，包括坡口加工、待焊部位的清理、焊件的装配以及焊接材料的清理等。

① 坡口加工　坡口加工要求按 GB 986 执行，以保证焊缝根部不出现未焊透或夹渣，并减少填充金属量。坡口加工可使用刨边机、半自动化气割机、碳弧气刨等。

② 待焊部位的清理　焊件清理主要是去除锈蚀、油污及水分，防止气孔的产生。一般用喷砂、喷丸方法或手工清除，必要时用火焰烘烤待焊部位。在焊前应将坡口及坡口两侧 20mm 区域内及待焊部位的表面铁锈、氧化皮、油污等清理干净。

③ 焊件的装配　装配焊件时要保证间隙均匀，高低平整，错边量小，定位焊缝长度一般大于 30mm，并且定位焊缝质量与主焊缝质量要求一致。必要时采用专用工装、卡具装配。

对直缝焊件的装配，在焊缝两端要加装引弧板和引出板，待焊后再割掉，其目的是使焊接接头的始端和末端获得正常尺寸的焊缝截面，而且还可除去引弧和收尾容易出现的缺陷。

④ 焊接材料的清理　埋弧焊用的焊丝和焊剂对焊缝金属的成分、组织和性能影响极大。因此焊接前必须清除焊丝表面的氧化皮、铁锈及油污等。焊剂保存时要注意防潮，使用前必须按规定的温度烘干。

（4）工艺参数　埋弧焊的焊接参数主要有：焊接电流、电弧电压、焊接速度、焊丝直径与伸出长度等。

① 焊接电流　当其他参数不变时，焊接电流对焊缝形状和尺寸的影响如图 3-34 所示。

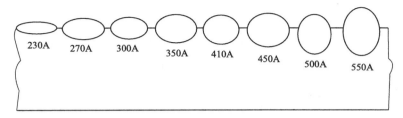

图 3-34　焊接电流对焊缝形状和尺寸的影响

一般焊接条件下，焊缝熔深与焊接电流成正比。随着焊接电流的增加，熔深和焊缝余高都有显著增加，而焊缝的宽度变化不大。同时，焊丝的熔化量也相应增加，这就使焊缝的余高增加。随着焊接电流的减小，熔深和余高都减小。

② 电弧电压　电弧电压增加，焊接宽度明显增加，而熔深和焊缝余高则有所下降。但是电弧电压太大时，不仅使熔深变小，产生未焊透，而且会导致焊缝成形差、脱渣困难，甚至产生咬边等缺陷。所以在增加电弧电压的同时，还应适当增加焊接电流。

③ 焊接速度　当其他焊接参数不变而焊接速度增加时，焊接热输入量相应减小，从而使焊缝的熔深也减小。焊接速度太大会造成未焊透等缺陷。为保证焊接质量，必须保证一定的焊接热输入量，即为了提高生产率而提高焊接速度的同时，应相应提高焊接电流和电弧电压。

④ 焊丝直径与伸出长度　当其他焊接参数不变而焊丝直径增加时，弧柱直径随之增加，即电流密度减小，会造成焊缝宽度增加，熔深减小。反之，则熔深增加，焊缝宽度减小。

当其他焊接参数不变而焊丝长度增加时，电阻也随之增大，伸出部分焊丝所受到的预热作用增加，焊丝熔化速度加快，结果使熔深变浅，焊缝余高增加，因此应控制焊丝伸出长度，不宜过长。

⑤ 焊丝倾角　焊丝的倾斜方向分为前倾和后倾。倾角的方向和大小不同，电弧对熔池的力和热作用也不同，从而影响焊缝成

形。当焊丝后倾一定角度时，由于电弧指向焊接方向，使熔池前面的焊件受到了预热作用，电弧对熔池的液态金属排出作用减弱，而导致焊缝宽而熔深变浅。反之，焊缝宽度较小而熔深较大，易使焊缝边缘产生未熔合和咬边，并且使焊缝成形变差。

三、焊丝和焊剂

焊丝是作为填充金属或同时用于带电的金属丝。电弧焊所用的焊丝有实心焊丝和药芯焊丝两类。

1. 实心焊丝

实心焊丝可用于气焊、埋弧焊、气体保护焊，作为填充金属。表 3-13 是熔化焊用钢丝的化学成分；表 3-14 是焊接用不锈钢丝的化学成分。

表 3-13　熔化焊用钢丝的化学成分（质量分数）　　单位：%

钢种	牌号	C	Mn	Si	Cr	Ni	Mo	V	Cu	P	S	其他
碳素结构钢	H08A	≤0.10	0.30~0.55	≤0.03	≤0.20	≤0.30	—	—	≤0.20	≤0.03	≤0.03	—
	H08E	≤0.10	0.30~0.55	≤0.03	≤0.20	≤0.30	—	—	≤0.20	≤0.02	≤0.02	—
	H08C	≤0.10	0.30~0.55	≤0.03	≤0.20	≤0.30	—	—	≤0.20	≤0.015	≤0.015	—
	H08MnA	≤0.10	0.80~1.10	≤0.07	≤0.20	≤0.30	—	—	≤0.20	≤0.03	≤0.03	—
	H15A	0.11~0.18	0.35~0.65	≤0.03	≤0.20	≤0.30	—	—	≤0.20	≤0.03	≤0.03	—
	H15Mn	0.11~0.18	0.80~1.10	≤0.03	≤0.20	≤0.30	—	—	≤0.20	≤0.035	≤0.035	—

续表

钢种	牌号	C	Mn	Si	Cr	Ni	Mo	V	Cu	P	S	其他
合金结构钢	H10Mn2	≤0.12	1.50~1.90	0.40~0.70	≤0.20	≤0.30	—	—	≤0.20	≤0.035	≤0.035	—
	H08Mn2Si	≤0.11	1.70~2.10	0.65~0.95	≤0.20	≤0.30	—	—	≤0.20	≤0.035	≤0.035	—
	H08Mn2SiA	≤0.11	1.80~2.10	0.65~0.95	≤0.20	≤0.30	—	—	≤0.20	≤0.03	≤0.03	—
	H10MnSi	≤0.14	0.80~1.10	0.65~0.95	≤0.20	≤0.30	—	—	≤0.20	≤0.035	≤0.035	—
	H10MnSiMo	≤0.14	0.90~1.20	0.70~1.10	≤0.20	≤0.30	0~0.25	—	≤0.20	≤0.035	≤0.035	—
	H10MnSiMoTi	0.80~1.10	1.00~1.30	0.40~0.70	≤0.20	≤0.30	0.2~0.4	—	≤0.20	≤0.025	≤0.030	Ti 0.05
	H08MnMoA	≤0.10	1.20~1.60	≤0.25	≤0.20	≤0.30	0.30~0.50	—	≤0.20	≤0.03	≤0.03	Ti 0.15
	H08Mn2MoA	0.06~0.11	1.60~1.90	≤0.25	≤0.20	≤0.30	0.50~0.70	—	≤0.20	≤0.03	≤0.03	Ti 0.15
	H10MnMoA	0.08~0.13	1.70~2.00	≤0.40	≤0.20	≤0.30	0.60~0.80	0.06~0.12	≤0.20	≤0.03	≤0.03	Ti 0.15
	H08Mn2MoVA	0.06~0.11	1.60~1.90	≤0.25	≤0.20	≤0.30	0.50~0.70	0.06~0.12	≤0.20	≤0.03	≤0.03	Ti 0.15
	H08CrMoA	≤0.10	0.40~0.70	0.15~0.35	0.80~1.10	≤0.30	0.40~0.60	—	≤0.20	≤0.03	≤0.03	Ti 0.15

钢种	牌号	C	Mn	Si	Cr	Ni	Mo	V	Cu	P	S	其他
合金结构钢	H13CrMoA	0.11~0.16	0.40~0.70	0.15~0.35	0.80~1.10	≤0.30	0.40~0.60	—	≤0.20	≤0.03	≤0.03	—
	H18CrMoA	0.15~0.22	0.40~0.70	0.15~0.35	0.80~1.10	≤0.30	0.15~0.25		≤0.20	≤0.025	≤0.025	
	H08CrMoVA	≤0.10	0.40~0.70	0.15~0.35	1.00~1.30	≤0.30	0.40~0.70	0.15~0.25	≤0.20	≤0.03	≤0.03	
	H08CrNi2MoA	0.05~0.10	0.50~0.85	0.10~0.30	0.70~1.00	≤0.30	0.20~0.40		≤0.20	≤0.025	≤0.025	
	H30CrMnSiA	0.25~0.35	0.80~1.10	0.90~1.20	0.80~1.10	1.40~1.80			≤0.20	≤0.025	≤0.025	
	H10MoCrA	≤0.12	0.40~0.70	0.15~0.35	0.45~0.65	≤0.30			≤0.20	≤0.03	≤0.03	

表 3-14 焊接用不锈钢丝的化学成分（质量分数） 单位：%

钢种	牌号	C	Si	Mn	S	P	Cr	Ni	Mo	其他
奥氏体不锈钢	H0Cr21Ni10	≤0.06	≤0.06	1.0~2.6	≤0.020	≤0.030	19.5~22.0	9.0~11.0	—	—
	H00Cr21Ni10	≤0.03	≤0.06	1.0~2.6	≤0.020	≤0.030	19.5~22.0	9.0~11.0	—	—
	HCr24Ni13Mo2	≤0.12	≤0.06	1.0~2.6	≤0.020	≤0.030	23~25	12~14	2.0~3.0	
	HCr26Ni21	≤0.10	0.2~0.6	1.0~2.6	≤0.020	≤0.030	25~28	20.0~22.5	—	—

续表

钢种	牌号	C	Si	Mn	S	P	Cr	Ni	Mo	其他
奥氏体不锈钢	H0Cr26Ni21	≤0.08	≤0.06	1.0~2.6	≤0.020	≤0.030	25~28	20.0~22.5	—	—
	H0Cr19Ni12Mo2	≤0.08	≤0.06	1.0~2.6	≤0.020	≤0.030	18~20	20.0~22.5	2.0~3.0	—
	H00Cr19Ni12Mo2	≤0.03	≤0.06	1.0~2.6	≤0.020	≤0.030	18~20	20.0~22.5	2.0~3.0	—
	H00Cr19Ni12Mo2Cu2	≤0.03	≤0.06	1.0~2.6	≤0.020	≤0.030	19.5~22.0	9.0~11.0	2.0~3.0	Cu 2.0
	H0Cr20Ni13Mo3	≤0.06	≤0.06	1.0~2.6	≤0.020	≤0.030	18.5~20	13.0~15.5	3.0~4.0	—
	H0Cr20Ni10Ti	≤0.06	≤0.06	1.0~2.6	≤0.020	≤0.030	18.5~20	9.0~10.5		
	H0Cr20Ni10TiNb	≤0.08	≤0.06	1.0~2.6	≤0.020	≤0.030	19.5~21.0	9.0~11.0	—	—
	H0Cr21Ni10Mn	≤0.10	0.2~0.6	5.0~7.0	≤0.020	≤0.030	20~22.0	9.0~11.0		
铁素体钢	H1Cr14	≤0.06	≤0.06	0.3~0.7	≤0.030	≤0.030	13~15	≤0.60	—	—
	H1Cr17	≤0.10	≤0.50	≤0.60	≤0.030	≤0.030	15.5~17.0		—	—
马氏体钢	H1Cr13	≤0.12	≤0.50	≤0.60	≤0.030	≤0.030	11.5~14.0			
	H1Cr5Mo	≤0.12	≤0.06	0.4~0.7	≤0.030	≤0.030	4.0~6.0	≤0.30	0.40~0.60	

2. 药芯焊丝

药芯焊丝是由薄钢带卷成圆筒或异形钢管，并在管内装入药粉而成的一种焊丝。药芯焊丝是近几年发展起来的新型焊接材料，它分为加气保护、不加气保护两大类。

药芯焊丝的外观与实心焊丝一样，其制造方法是先将钢带轧成U形断面形状，再把按计量配好的焊粉填入U形钢带中，用压轧机将钢带轧紧，而后拉拔成各种不同规格的焊丝。较常用的规格有1.2mm、1.6mm、2.0mm、2.4mm、2.8mm、3.2mm、4.0mm等。药芯焊丝的界面形状也有多种，常见的见图3-35。

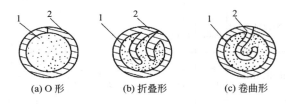

(a) O形　　　　(b) 折叠形　　　　(c) 卷曲形

图 3-35　药芯焊丝常见的界面形状
1—药粉；2—钢带

药芯焊丝中的药粉分钛型、钙型和钛钙型等多种，其药粉粒度一般在100目以上，并有良好的流动性和不吸潮特性。药芯焊丝药粉元素及作用见表3-15。

表 3-15　药芯焊丝药粉元素及作用

元素	一般状态	焊接时作用
铝	金属粉末	脱氧、脱氮
钙	矿石，如萤石(CaF_2)、石灰石($CaCO_3$)等	保护和造渣
碳	铁合金中的元素，如锰铁等	提高硬度和强度
铬	铁合金或铁粉	合金化，改善抗蠕变和耐腐蚀性能
铁	铁合金或铁粉	铁基熔敷金属中的合金基体，镍基熔敷金属中的合金元素
锰	铁合金（如锰铁）或金属粉末	脱氧，防止热脆性

元素	一般状态	焊接时作用
钼	铁合金	合金化,提高强度和硬度,并在奥氏体钢中提高耐腐蚀性
镍	金属粉末	合金化,提高强度和硬度,并在奥氏体钢中提高耐腐蚀性和韧性
钾	矿石,如长石和含钾硅酸盐,呈玻璃状	稳定电弧和造渣
硅	铁合金,如硅锆、硅锰合金矿石;硅酸盐,如长石	脱氧和造渣
钠	矿石,如含钠长石、硅酸盐,呈玻璃状	稳定电弧和造渣
钛	铁合金,如钛铁、金红石等	脱氧、脱氮、造渣,稳定不锈钢中的碳
锆	氧化物或金属粉末	脱氧、脱氮
钒	氧化物或金属粉末	提高强度

3. 焊剂

焊剂也叫钎剂,定义很广泛,包括熔盐、有机物、活性气体、金属蒸气等,即除去母材和钎料外,泛指第三种用来降低母材和钎料界面张力的所有物质。

(1) 分类　焊剂分为酸性、中性和碱性 3 种,按制造方法分为熔炼焊剂和非熔炼焊剂。熔炼焊剂是用各种矿石经电弧炉熔炼后粉碎而成。其中,酸性熔炼焊剂应用较多,它配以适当的焊丝,广泛用于碳钢和低合金结构钢的焊接。中性和碱性熔炼焊剂则用于强度较高的高强钢焊接。非熔炼焊剂制造简单,劳动卫生条件较好,质量容易控制,并可加入各种所需合金元素来改善焊缝金属组织和性能,因而得到较广泛的应用。非熔炼焊剂烘干温度在 400℃ 以下的,称为黏结焊剂;烘干温度在 400~1000℃ 的,称为烧结焊剂。烧结焊剂强度好,成品率高,应用较多。

对于低碳钢焊接,最常用、最经济的就是酸性焊剂了,如

HJ431 配合 H08A 或 H08MnA。焊接较重要的低合金高强度钢时，可采用碱性焊剂 SJ101、SJ301 等，来配合 H08MnA 焊丝使用，能显著的提高焊缝的力学性能和韧性指标。

（2）功能　焊剂的功能可分为三个：

① 去除焊接面的氧化物，降低焊料熔点和表面张力，尽快达到钎焊温度。

② 保护焊缝金属在液态时不受周围大气中有害气体影响。

③ 使液态钎料有合适的流动速度以填满钎缝。

（3）质量要求

① 良好的工艺性能。焊接时，能使电弧稳定，脱渣容易，焊缝成形好。

② 适当的颗粒度。一般颗粒度为 0.945～2.5mm（40～8 目）。0.945mm（40 目）以下应≤5%；2.5mm（8 目）以上应≤5%。

③ 含水量适中。水的质量分数应不大于 0.10%。

④ 杂质少。机械夹杂物的质量分数应不大于 0.30%。

⑤ 有害元素 S、P 含量要少。S≤0.06%；P≤0.08%。

四、埋弧自动焊操作规程

1. 准备工作

① 熟悉被焊工件的焊接工艺，了解焊缝位置、尺寸和技术要求，合理选择焊接方法。

② 全面检查设备。导线应绝缘良好，各连接部位不得松动，控制箱、电源外壳应良好接地。焊接小车的胶轮应绝缘良好、可靠，机械活动部位应及时加润滑油，确保运转灵活。

③ 检查焊丝、焊剂的牌号、规格及质量是否符合要求，焊剂使用前必须在 200～250℃烘烤 2h。

④ 检查焊件的装配质量及坡口清理情况，要求坡口内及两侧 30mm 范围内不得有焊渣、油污、铁锈等脏物。

⑤ 装好引弧极和引出板，板件尺寸为 160mm×150mm×s（长×宽×产品厚度），其材质、厚度、坡口形式应与产品相同。

2. 安全技术

① 操作时，应穿绝缘鞋、戴手套和护目镜。对于固定台位，可加绝缘挡板隔热，并有良好的通风设施。

② 自动埋弧焊必须有专人操作开关。

③ 要求焊接小车周围无障碍物，焊剂要干燥。若焊剂潮湿，应做烘干处理，否则会产生大量的蒸汽，从而加大熔渣飞溅，易造成烫伤。

④ 在焊接过程中，要注意防止突然停送焊剂造成弧光辐射。

3. 焊接工艺

埋弧自动焊的工艺参数，主要是指焊接电流和电弧电压、焊接速度、焊丝直径和干伸长度、焊丝与焊件表面的相对位置、电源种

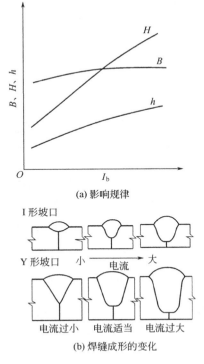

(a) 影响规律

(b) 焊缝成形的变化

图 3-36　焊接电流对焊缝成形的影响

类和极性、焊剂种类以及焊件的坡口形式等。这些参数影响着焊缝的形状参数和熔合比，从而决定了焊缝的质量。

　① 焊接电流和电弧电压。焊接电流主要影响焊缝的熔深和计算硬度，而电弧电压主要影响焊缝的熔宽。焊接电流及电弧电压对焊缝成形的影响，如图 3-36 及图 3-37 所示。

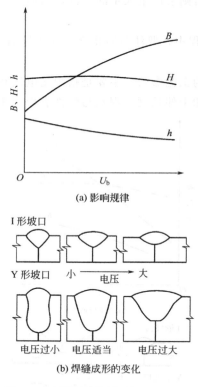

(a) 影响规律

Ⅰ形坡口

Y形坡口　小 ——— 电压 ——— 大

电压过小　电压适当　电压过大

(b) 焊缝成形的变化

图 3-37　焊接电压对焊缝成形的影响

　　电流过大，熔深（H）和余高（h）过大，焊缝形状系数下降，易产生热裂纹，焊接过程中甚至引起烧穿；电流过小，易产生未焊透、夹渣等缺陷。

　　电弧电压过大，熔宽（B）显著增大，但是熔深（H）和余高

（h）会减小，由于电弧过长，电弧燃烧就不稳定，易造成焊缝气孔和咬边缺陷，同时焊剂熔化量也增加，造成浪费；电弧电压过小，熔深（H）和余高（h）就加大，焊缝形状系数下降。

为了获得满意的焊缝成形，焊接电流与电弧电压应匹配好，其匹配情况见表 3-16。

表 3-16　焊接电流与相应的电弧电压

焊接电流/A	600～700	700～800	800～1000	1000～1200
电弧电压/V	36～38	38～40	40～42	42～44

注：焊丝直径 5mm，交流电源。

② 焊接速度。焊接速度过大，熔宽（B）显著减小，会产生余高（h）小、咬边、气孔等缺陷；焊接速度过小，熔池满溢，会产生余高（h）过大、成形粗糙、未熔合、夹渣等缺陷。

焊接速度较大时，熔深（H）随焊接速度的增加而减小；而当焊接速度较小时，随着焊接速度的增加，熔深（H）反而增加。

③ 焊丝直径和干伸长度。焊接电流一定时，减小焊丝直径，电流密度增加，电弧对熔池底部吹力增大，熔深也相应增加，焊缝形状系数减小，不同直径焊丝常用的焊接电流范围见表 3-17。

表 3-17　不同直径焊丝常用的焊接电流范围

焊丝直径/mm	2	3	4	5
电流密度/(A/mm²)	63～125	50～85	40～63	35～50
焊接电流/A	200～400	350～600	500～800	700～1000

埋弧自动焊时，焊丝的干伸长度一般为 30～40mm。同时在焊接过程中，还应控制焊丝干伸长度的波动范围一般不超过 10mm 左右。

第四节　气体保护电弧焊

气体保护电弧焊是利用气体作为保护介质的电弧焊。它包括钨极惰性气体保护焊（TIG）和熔化极气体保护焊（GMAW）。两者的差别在于所用的电极不同，前者用的是非熔化电极钨棒，后者用的是熔化电极焊丝。

钨极保护焊能获得焊接质量优良的焊缝，它的缺点是焊接能量有限，不适合焊接厚件，尤其是导热性能较强的金属。为了克服这一缺点，1948 年产生了熔化金属极保护电弧焊（MIG），这种方法利用金属焊丝作为电极，电弧产生在焊丝和工件之间，焊丝不断送进，并熔化过渡到焊缝中去。因此这种方法所用焊接电流可大大提高，适合于中、厚板的焊接。

因为氩气稀缺、焊接成本较高，故目前 TIG 和 MIG 主要用来焊接易氧化的有色金属（铝、镁）及其合金、稀有金属（钼、钛、镍）及其合金和不锈钢等。为了降低气体保护焊的成本，人们在 1953 年成功地用 CO_2 气体取代氩气，发明了二氧化碳气体保护焊。它是以 CO_2 气体作为保护介质的电弧焊方法，以焊丝作电极，以自动或半自动方式进行焊接。CO_2 气体保护焊成本低，生产率高，适用范围广泛。但因电弧气氛具有较强的氧化性，易使合金元素烧损、会引起气孔，焊接过程中易产生金属飞溅，故必须采用含有脱氧剂的焊丝及专用的焊接电源。目前 CO_2 气体保护焊主要用于焊接低碳钢及低合金钢等黑色金属，对于不锈钢、高合金钢和有色金属则不适宜。

在气体保护电弧焊发展初期，使用的主要是单一气体，如氩气（Ar）、氦气（He）和 CO_2 气，后来发现在一种气体中加入一定量的另一种或两种气体后，可以分别在细化熔滴、减少飞溅、提高电弧的稳定性、改善熔深以及提高电弧的温度等方面获得满意的效果。常用的混合气体有：

（1）Ar＋He 广泛用于大厚度铝板及高导热材料的焊接，以及不锈钢的高速机械化焊接。

（2）Ar＋H_2 利用混合气体的还原性来焊接镍及其合金，可以消除镍焊缝中的气孔。

（3）Ar＋O_2 混合气体 O_2 量为 1％，特别适用于不锈钢焊接

（MIG），能克服单独用氩气时的阴极漂移现象。

（4）$Ar+CO_2$ 或 $Ar+CO_2+O_2$ 适用于焊接低碳钢和低合金钢，焊缝成形、接头质量以及电弧稳定性和熔滴过渡都非常满意。

一、氩弧焊

氩弧焊是使用氩气作为保护气体的一种焊接技术，又称氩气体保护焊。在电弧焊的周围通上氩气作为保护气体，将空气隔离在焊区之外，防止焊区的氧化。

氩弧焊技术是在普通电弧焊的原理的基础上，利用氩气对金属焊材的保护，通过高电流使焊材在被焊基材上熔化成液态，形成熔池，使被焊金属和焊材达到冶金结合的一种焊接技术。由于在高温熔融焊接中不断送上氩气，使焊材不能和空气中的氧气接触，从而防止了焊材的氧化，因此可以焊接不锈钢等金属。

1. 分类及工作原理

氩弧焊按照电极的不同分为熔化极氩弧焊和非熔化极氩弧焊两种。

（1）非熔化极氩弧焊工作原理及特点 非熔化极氩弧焊电弧在非熔化极（通常是钨极）和工件之间燃烧，在焊接电弧周围流过一种不和金属起化学反应的惰性气体（常用氩气），形成一个保护气罩，使钨极端部、电弧和熔池及邻近热影响区的高温金属不与空气接触，能防止氧化和吸收有害气体，从而形成致密的焊接接头，其力学性能非常好。

（2）熔化极氩弧焊工作原理及特点 焊丝通过丝轮送进，导电嘴导电，在母材与焊丝之间产生电弧，使焊丝和母材熔化，并用惰性气体氩气保护电弧和熔融金属来进行焊接。随着熔化极氩弧焊的技术应用，保护气体已由单一的氩气发展出多种混合气体的广泛应用，如以氩气或氦气为保护气时，称为熔化极惰性气体保护电弧焊（在国际上简称为 MIG）；以惰性气体与氧化性气体（O_2、CO_2）混合气为保护气时，或以 CO_2 气体或 CO_2+O_2 混合气为保护气时，统称为熔化极活性气体保护电弧焊（在国际上简称为MAG）。从其操作方式上看，目前应用最广的是半自动熔化极氩弧焊和富氩混合气保护焊，其次是自动熔化极氩弧焊。

氩弧焊在主回路、辅助电源、驱动电路、保护电路等方面的工作原理是与手弧焊相同的，在此不再叙述，而着重介绍氩弧焊机所特有的控制功能及起弧电路功能。

钨极氩弧焊见图3-38。

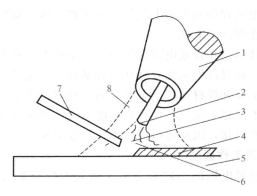

图3-38　钨极氩弧焊

1—喷嘴；2—钨极；3—电弧；4—焊缝；5—工件；
6—熔池；7—填充焊丝；8—氩气

钨极氩弧焊有如下特点：

① 采用氩气作保护气体，可有效地隔绝熔池周围空气，且不与任何金属发生反应，无焊接副作用。

② 钨极电弧稳定，在极小电流（几安培）时也可稳定燃烧，适合焊接薄板。

③ 具有阳极清理作用，可以焊接化学性质非常活泼的金属及合金。惰性气体氩气即使在高温下也不与化学性质活泼的铝、钛、镁、铜、镍及其合金起化学反应，也不溶于液态金属中。

④ 飞溅小，焊缝成形好。

⑤ 可获得优质的焊接接头，用这种焊接方法获得的焊缝金属

纯度高，气体和气体金属杂物少，焊接缺陷少。对焊缝金属质量要求高的低碳钢、低合金钢及不锈钢常用这种焊接方法来焊接。

⑥ 可进行填丝或不填丝焊接，焊丝和热源能分别控制，能进行全位置焊接。

⑦ 焊接生产率较低。

⑧ 为了保证焊接质量，常用于各种金属的打底焊。

熔化极氩弧焊原理如图 3-39 所示。

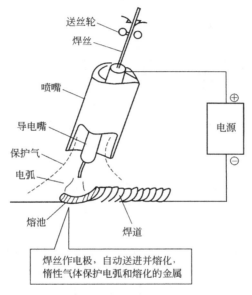

图 3-39　熔化极氩弧焊原理

熔化极氩弧焊与钨极氩弧焊相比，有如下特点：

① 效率高。电流密度大，热量集中，熔敷率高，焊接速度快，容易引弧，故而效率高。

② 需加强防护。焊接时弧光强烈、烟气大，为保障焊工的安全健康，所以要加强防护。

2. 保护气体

（1）氩气　最常用的惰性气体是氩气。它是一种无色无味的气

焊接安全技术

体，在空气中的含量为 0.935％（体积分数），沸点为 -186℃，介于氧气和氮气的沸点之间。氩气是氧气厂分馏液态空气制取氧气时的副产品。

中国均采用瓶装氩气用于焊接，在室温时，其充装压力为 15MPa。钢瓶涂灰色漆，并标有"氩气"字样。纯氩的化学成分要求为：$Ar \geqslant 99.99\%$；$He \leqslant 0.01\%$；$O_2 \leqslant 0.0015\%$；$H_2 \leqslant 0.0005\%$；总碳量 $\leqslant 0.001\%$；水分 $\leqslant 30mg/m^3$。

氩气是一种比较理想的保护气体，比空气密度大 25％，在平焊时有利于对焊接电弧进行保护，降低了保护气体的消耗。氩气是一种化学性质非常不活泼的气体，即使在高温下也不和金属发生化学反应，从而没有合金元素氧化烧损及由此带来的一系列问题。氩气不溶于液态的金属，因而不会引起气孔。氩气是一种单原子气体，以原子状态存在，在高温下没有分子分解或原子吸热的现象。氩气的比热容和热传导能力小，即本身吸热量小，向外传热也少，电弧中的热量不易散失，使焊接电弧燃烧稳定，热量集中，有利于焊接的进行。

氩气的缺点是电离势较高。当电弧空间充满氩气时，电弧的引燃较为困难，一旦电弧引燃后就非常稳定。

（2）氦气　空气中含有氦气。氦是一种化学元素，它的化学符号是 He，它的原子序数是 2，是一种无色的惰性气体，低压放电时发出深黄色的光。在常温下，它是一种极轻的无色、无臭、无味的单原子气体。氦气是所有气体中最难液化的，是唯一不能在标准大气压下固化的物质。氦的化学性质非常不活泼，一般状态下很难和其他物质发生反应。氦是宇宙中第二丰富的元素，在银河系占 24％。临界温度最低，极不活泼，不能燃烧也不助燃，为惰性气体。氦具有特殊的物理性质，在绝对零度时其蒸气压下也不会固化。氦气化学性质稳定，一般不生成化合物，在低压放电管中受激发可形成 He^{2+}、HeH 等离子及分子。氦气在特定条件下和某些金属可形成化合物。

利用其 -268.9℃ 的低沸点，液氦可以用于超低温冷却。在悬

152

浮列车等领域中广受关注的超导体应用中，氦气是不可或缺的。此外，由于化学性质不活泼和轻于空气等特征，氦气常用作飞艇或广告气球中的充入气体，这一用途也是众所周知的。在海洋开发领域的呼吸用混合气体中，以及医疗领域的核磁共振成像设备的超导电磁体冷却中，氦气都得到广泛的应用。氦气广泛用于军工、科研、石化、制冷、医疗、半导体、管道检漏、超导实验、金属制造、深海潜水、高精度焊接、光电子产品生产等。其可用于低温冷源和超导技术，也可用作高真空装置、原子核反应堆、宇宙飞船等的检漏剂，以及镁、锆、铝、钛等金属焊接的保护气。在火箭、宇宙飞船上用作输送液氢、液氧等液体推进剂的加压气体，还用作原子反应堆的清洗剂、气体色谱分析的载气、潜水用混合气和气体温度计的填充气。另外，由于氦气渗透性好、不可燃的特点，它还应用于真空检漏行业，如氦质谱检漏仪等。

3. 氩弧焊工艺

采用氩弧焊打底工艺，可以得到优质的焊接接头。氩弧焊打底焊接工艺在锅炉的水冷壁、过热器、省煤器等焊接中，接头质量优良，经射线探伤，焊缝级别均在Ⅱ级以上。

（1）工艺

a. 焊前准备。焊接前，管口应做30°的坡口，管端内外15mm范围内应打磨出金属本色。管道对口间隙为1～3mm。实际对口间隙过大时，需先在管道坡口一侧堆焊过渡层。搭建临时避风设施，严格控制焊接作业处的风速，因风速超过一定范围，极易产生气孔。

b. 操作。使用WST315手工钨极氩弧焊机，焊机本身装有高频引弧装置，可采用高频引弧。熄弧与焊条电弧焊不同，如熄弧过快，则易产生弧坑裂纹，所以操作时要将熔池引向边缘或母材较厚处，然后逐渐缩小熔池慢慢熄弧，最后关闭保护气体。

对于壁厚3～4mm的20号钢管材，填充材料可用TIGJ50（对12Cr1MoV，可用08CrMoV），钨极棒直径2mm，焊接电流75～100A，电弧电压12～14V，保护气体流量8～10L/min，电源为直流正接。

（2）优点

a. 质量好。只要选择合适的焊丝、焊接工艺参数和良好的气体保护就能使根部得到良好的熔透性，而且透度均匀，表面光滑、整齐。不存在一般焊条电弧焊时容易产生的焊瘤、未焊透和凹陷等缺陷。

b. 效率高。在管道的第一层焊接中，手工氩弧焊为连弧焊，而焊条电弧焊为断弧焊，因此手工氩弧焊可提高效率 2～4 倍。因无须清理熔渣和修理焊道，则速度提高更快。在第二层电弧焊盖面时，平滑整齐的氩弧焊打底层非常利于电弧焊盖面，能保证层间良好地熔合，尤其在小直径管的焊接中，效率更显著。

c. 易掌握。手工电弧焊根部焊缝的焊接，必须由经验丰富且有较高技术水平的焊工来进行。采用手工氩弧焊打底，一般从事焊接工作的工人经较短时间的练习，基本上均能掌握。

d. 变形小。氩弧焊打底时热影响区要小得多，故焊接接头变形量小，残余应力也小。

（3）缺点

a. 氩弧焊因为热影响区域大，工件在修补后常常会造成变形、硬度降低、砂眼、局部退火、开裂、针孔、磨损、划伤、咬边，或者是结合力不够及内应力损伤等缺点，尤其在精密铸造件细小缺陷的修补过程中较为突出。在精密铸件缺陷的修补领域可以使用冷焊机来替代氩弧焊，由于冷焊机放热量小，较好的克服了氩弧焊的缺点，解决了精密铸件的修复难题。

b. 氩弧焊与焊条电弧焊相比对人身体的伤害程度要高一些，氩弧焊的电流密度大，发出的光比较强烈，它的电弧产生的紫外线辐射，约为焊条电弧焊的 5～30 倍，红外线约为焊条电弧焊的 1～1.5 倍，在焊接时产生的臭氧量较高，因此，尽量选择空气流通较好的地方施工，不然对身体有很大的伤害。

c. 对于低熔点和易蒸发的金属（如铅、锡、锌），焊接较困难。

4. 氩弧焊的应用

氩弧焊适用于焊接易氧化的有色金属和合金钢（主要用于 Al、Mg、Ti 及其合金和不锈钢的焊接）；适用于单面焊双面成形，如打底焊和管子焊接；钨极氩弧焊还适用于薄板焊接。氩弧焊结构示意图见图 3-40。

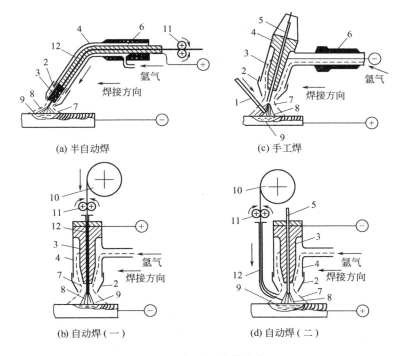

(a) 半自动焊　(c) 手工焊　(b) 自动焊（一）　(d) 自动焊（二）

图 3-40　氩弧焊结构示意图

1—填充细棒；2—喷嘴；3—导电嘴；4—焊枪；5—钨极；6—焊枪手柄；
7—氩气流；8—焊接电弧；9—金属熔池；10—焊丝盘；11—送丝机构；12—焊丝

二、二氧化碳气体保护电弧焊

二氧化碳气体保护电弧焊是以二氧化碳（CO_2）气体作为保护气体进行焊接的方法（有时采用 CO_2＋Ar 的混合气体作保护气）。

其操作简单，适合自动焊和全方位焊接。焊接时抗风能力差，适合室内作业。由于它成本低，二氧化碳气体易生产，广泛应用于各大小企业。由于二氧化碳气体的热物理性能的特殊影响，使用常规焊接电源时，焊丝端头熔化金属不可能形成平衡的轴向自由过渡，通常需要采用短路和熔滴缩颈来隔断。因此，与 MIG 自由过渡相比，飞溅较多。但采用优质焊机，参数选择合适，可以得到很稳定的焊接过程，使飞溅降低到最小的程度。由于所用保护气体价格低廉，采用短路过渡时焊缝成形良好，加上使用含脱氧剂的焊丝即可获得无内部缺陷的高质量焊接接头。因此，其已成为黑色金属材料最重要的焊接方法之一。

1. 分类

（1）按机械化程度，可分为自动化和半自动化。

（2）按焊丝直径，可分为细丝（0.8～1.2mm）；中丝（1.2～1.4mm）；粗丝（1.4～1.6mm）。

（3）按焊丝分类，可分为药芯和实心焊丝两种。

2. 焊接工艺参数

（1）**焊丝直径**　焊丝直径通常是根据焊件的厚薄、施焊的位置和效率等要求选择。焊接薄板或中厚板的全位置焊缝时，多采用直径 1.6mm 以下的焊丝（称为细丝二氧化碳气体保护焊）。焊丝直径的选择参照表 3-18。

表 3-18　二氧化碳气体保护焊焊丝参数

焊丝直径/mm	熔滴过渡形式	可焊板厚/mm	施焊位置
0.5～0.8	短路过渡	0.4～3	各种位置
	细颗粒过渡	2～4	平焊、横角
1.0～1.2	短路过渡	2～8	各种位置
	细颗粒过渡	2～12	平焊、横角
1.6	短路过渡	2～12	平焊、横角
	细颗粒过渡	＞8	平焊、横角
2.0～2.5	细颗粒过渡	＞10	平焊、横角

（2）焊接电流　焊接电流的大小主要取决于送丝速度。送丝速度越快，则焊接电流越大。焊接电流对焊缝熔深的影响最大。当焊接电流为 60～250A，即以短路过渡形式焊接时，焊缝熔深一般为 1～2mm；只有在 300A 以上时，熔深才明显增大。

（3）电弧电压　短路过渡时，则电弧电压可用下式计算：

$$U(V)=0.04I+16\pm2$$

此时，焊接电流一般在 200A 以下。当电流在 200A 以上时，则电弧电压的计算公式如下：

$$U(V)=0.04I+20\pm2$$

（4）焊接速度　半自动焊接时，熟练焊工的焊接速度为 18～36m/h；自动焊时，焊接速度可高达 150m/h。

（5）焊丝的伸出长度　一般情况下焊丝的伸出长度约为焊丝直径的 10 倍左右，并随焊接电流的增加而增加。

（6）气体的流量　正常焊接时，200A 以下薄板焊接，CO_2 的流量为 10～25L/min；200A 以上厚板焊接，CO_2 的流量为 15～25L/min；粗丝大规范自动焊为 25～50L/min。

（7）具体工艺参数

① 电流。一般为 150～350A，常用规范为 200～300V。

② 电压。一般为 22～40V，常用规范为 26～32V。

③ 干伸长度。焊丝从导电嘴前端伸出的长度，一般为焊丝直径的 10～15 倍，即 10～15mm。

④ 焊接速度。焊接速度过快，熔池温度不够，易造成未焊透、未熔合、焊缝成型不良等缺陷。焊接速度过慢，使高温停留时间延长，热影响区宽度增加，焊接接头的晶粒变粗，机械性能降低，同时使变形量增大。

3. 特点

CO_2 气体保护焊是应用最广泛的一种熔化极气体保护焊方法。其主要有以下优点：

① 焊接成本低。其成本只有埋弧焊、焊条电弧焊的 40%～50%。

② 生产效率高。其生产效率是焊条电弧焊的 1～4 倍。

③ 操作简便。明弧，对工件厚度不限，可进行全位置焊接而且可以向下焊接。

④ 焊缝抗裂性能高。焊缝低氢且氮含量也较少。

⑤ 焊后变形较小。角变形为 5‰，不平度只有 3‰。

⑥ 焊接飞溅小。采用超低碳合金焊丝或药芯焊丝，或在 CO_2 中加入 Ar，都可以降低焊接飞溅。

4. 二氧化碳焊的冶金特点

虽然二氧化碳气体在常温下是稳定的，但在高温下是不稳定的。在电弧高温作用下有部分 CO_2 要发生分解，即

$$CO_2 \longrightarrow CO + O$$

分解出来的原子状态的氧，具有强烈的氧化作用。在电弧区有 $40\% \sim 60\%$ 的 CO_2 发生分解，因而在电弧气氛中，同时有 CO_2、CO 和 O 存在。而原子状态的氧在液态熔滴和焊接熔池表面，对熔化金属产生如下的反应作用，即

$$Si + 2O \longrightarrow SiO_2$$
$$Mn + O \longrightarrow MnO$$
$$C + O \longrightarrow CO$$
$$Fe + O \longrightarrow FeO$$

在上述反应产物中，SiO_2 和 MnO 成为熔渣浮于熔池表面，CO_2 会逸出到空气中，FeO 会进入熔池当中继续和其他元素反应，即

$$[FeO] + [C] \longrightarrow [Fe] + CO$$

所形成的 CO 不溶于液态金属，形成气泡从液态金属中逸出，由于气体的析出十分猛烈，会使液态金属沸腾，甚至在气泡浮出时使其发生粉碎性的细滴爆炸。CO_2 气体保护焊时，在焊丝端头和焊接熔池都可能产生这一过程。飞溅也主要是由这一原因造成的。

另外，由于焊接熔池的凝固速度快，CO 气体来不及逸出，而在焊缝中形成气孔。同时，残留在焊缝金属中的 FeO 增加了焊缝金属的含氧量，引起力学性能降低。

因此，为了解决二氧化碳气体保护焊中 FeO 的不利影响以及

飞溅和气孔的问题，就应加强其脱氧作用，也即在焊丝当中增加脱氧元素（如 Mn、Si 等）来抑制 FeO 的生成和飞溅的形成。

三、二氧化碳气体保护焊的不安全因素

二氧化碳是空气中常见的化合物，其分子式为 CO_2，由两个氧原子与一个碳原子通过共价键连接而成。空气中有微量的二氧化碳，约占空气总体积的 0.03%。二氧化碳能溶于水中，形成碳酸，碳酸是一种弱酸。由于空气中含有二氧化碳，所以通常情况下雨水的 pH 值大于等于 5.6（CO_2 本身没有毒性，但当空气中的 CO_2 超过正常含量时，会对人体产生有害的影响）。

CO_2 气体保护焊烟尘比较大。焊接过程中，会产生大量的烟尘。当焊接烟尘超过允许浓度时，就会严重危害操作者及其周围人群的身体健康。研究表明：焊接烟尘中存在着大量的可吸入物质，长期在焊接烟尘环境下作业的焊接操作人员患有呼吸道疾病的比例明显高于其他人员，同时可吸入物质还会沉积在人体的骨骼和血液中，导致人体机能下降。

焊接作业时产生的有害气体也能对人体产生很大的危害：

① 臭氧（O_3）。呼吸道感觉干燥和刺激，头痛，疲倦，肺充血，肺病变。

② 氮氧化物（NO、NO_2）。刺激眼、鼻后呼吸道，肺充血，严重的肺损伤。

③ 一氧化碳（CO）。头痛，头晕，神志不清，窒息。

④ 光气（$COCl_2$）。既包括严重的刺激反应，也有毒性，可致肺水肿。

⑤ 氟化氢（HF）。刺激眼、鼻、喉，肺充血，骨骼改变。

⑥ 氩气。惰性气体，其压缩气瓶在运输、储存和使用中，存在着爆炸的危险性。

⑦ 弧光辐射。弧光辐射强。CO_2 气体保护焊的弧光辐射强度高于手工电弧焊，例如波长 233～290nm 的紫外线相对强度，手工电弧焊为 0.06，而氩弧焊为 1.0。强烈的紫外线辐射，会使焊工的

皮肤、眼睛损伤和破坏工作服。

⑧ 氩弧焊采用高频振荡器引弧，高频振荡器工作期间有电磁辐射产生，而使用的钍钨极的放射性物质会给操作者带来危害。

四、手工钨极焊安全操作规程

1. 准备工作

① 熟悉图样及工艺规程，掌握施焊位置、尺寸和要求，合理地选择施焊方法及顺序。

② 清理好工作场地，准备好辅助工具和防护用品。

③ 检查设备。焊机上的调整机构、导线、电缆及接地是否良好；手把绝缘是否良好；地线与工件连接是否可靠；水路、气路是否畅通；高频或脉冲引弧和稳弧器是否良好。

④ 检查工件。坡口内不得有熔渣、泥土、油污、砂粒等物存在，在焊缝两侧 20mm 范围内不得有油、锈，对焊丝应进行除油除锈工作。

⑤ 不要在风口处或强制通风的地方施焊。

⑥ 依据工艺文件和产品图样要求，正确选择焊丝。

2. 安全技术

① 检查焊接电源、控制系统是否有接地线，传动部分要正常，氩气、水源必须畅通。如有漏水现象，应立即通知修理。

② 自动氩弧焊机和全位置氩弧焊必须有专人操作开关。

③ 采用高频引弧，必须经常检查是否漏电。

④ 设备发生故障，应停电检查，操作工人不得自行修理。

⑤ 在电弧附近不准赤膊或裸露身体其他部位，不准在电弧附近吸烟、进食，以免臭氧烟尘吸入体内。

⑥ 磨钍钨必须戴口罩、手套，并遵守砂轮机安全操作规程，最好选用铈钨极（放射性剂量小些）。砂轮机必须装抽风装置。

⑦ 手工氩弧焊工人，应随时戴静电防尘口罩。操作时尽量减少高频电作业时间，连续工作时间不得超过 6h。

⑧ 氩弧焊工作场地必须空气流通。工作中应打开通风排毒设

备，通风装置失效时，应停止工作。

⑨ 氩气瓶不许碰砸，立放必须有支架，并远离明火 3m 以上。

⑩ 在容器内进行氩弧焊时，应戴专用口罩，以减少吸入有害烟气，容器外应设专人监控和配合。

⑪ 钍钨棒应存放在铅盒内，避免大量钍钨棒集中在一起时，其放射性剂量超出安全规定而伤害人群。

3. 工艺参数的选择

钨极氩弧焊的工艺参数主要有焊接电流种类及大小、钨极直径及端头形状等。

① 焊接电流种类及大小。一般根据工件材料选择电流种类。焊接电流的大小是决定焊缝熔深的最主要参数，它主要根据工件材料、厚度、接头形式、焊接位置选择，有时还要考虑焊工的技术水平（手工焊时）等因素。

② 钨极直径及端头形状。钨极直径根据焊接电流大小、电流极性选择。

钨极端头形状是一个重要参数。根据所用焊接电流种类，选用不同的端头形状，如图 3-41 所示，尖端角度 α 的大小会影响钨极的许用电流、引弧及稳弧性能，表 3-19 列出了钨极不同尖端尺寸推荐的电流范围。

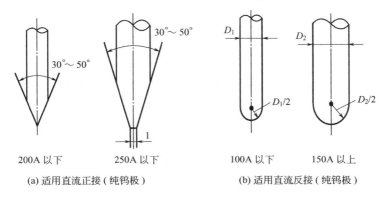

| (a) 适用直流正接（纯钨极） | (b) 适用直流反接（纯钨极） |

图 3-41　电极的端头形状

③ 焊接表面色泽和气体的保护效果见表 3-20。

表 3-19　焊接电流和喷嘴直径、气体流量的关系

焊接电流/A	直流焊接		交流焊接	
	喷嘴直径/mm	气体流量/(L/min)	喷嘴直径/mm	气体流量/(L/min)
10～100	4～9.5	4～5	8～9.5	6～8
101～150	4～9.5	4～7	9.5～11	7～10
151～200	6～13	6～8	11～13	7～10
201～300	8～13	8～9	13～16	8～18
301～500	13～16	9～12	16～19	8～15

表 3-20　焊接表面色泽和气体的保护效果

焊接材料	最好	良好	较好	不良	最坏
不锈钢	银白、金黄	蓝	红灰	灰	黑
钛合金	亮银白	橙黄	蓝紫	青灰	有一层白色氧化钛粉
铝及铝合金	银白光亮	白无光	—	灰白	灰黑
紫铜	金黄	黄		灰黄	灰黑
低碳钢	灰白有光亮	灰	—		灰黑

4. 操作技术

钨极氩弧焊的操作技术包括引弧、收弧、填丝焊接等过程。

① 引弧

a. 短路引弧法（接触引弧法）。在钨极与焊件间瞬间短路，立即稍稍提起，在焊件和钨极之间便产生了电弧。

b. 高频引弧法。利用高频引弧器把普通工频交流电（220V 或 380V，50Hz）转换成高频（150～260kHz）、高压（2000～3000V）电，把氩气击穿电离，从而引燃电弧。

② 收弧

a. 增加焊透法。在焊接即将终止时，焊炬逐渐增加移动速度。

b. 电流衰减法。焊接终止时，停止填丝使焊接电流逐渐减小，从而使熔池体积不断缩小，最后断电，焊枪或焊炬停止行走。

③ 填丝焊接。填丝时必须等母材熔化充分后才可进行，以免未熔合，一定要填到熔池前沿部位，并且焊丝收回时尽量不要马上脱离氩气保护区。

五、二氧化碳保护焊安全操作规程

1. 准备工作

① 认真熟悉焊接有关图样，弄清焊接位置和技术要求。

② 焊前清理。CO_2 保护焊虽然没有钨极氩弧焊那样严格，但也应清理坡口及其两侧表面的油污、漆层、氧化皮以及镁金属等杂物。

③ 检查设备。检查电源线是否破损；地线接地是否可靠；导电嘴是否良好；送丝机构是否正常；极性是否选择正确。

④ 气路检查。CO_2 气体气路系统包括 CO_2 气瓶、预热器、干燥器、减压阀、电磁气阀、流量计。使用前检查各连接处是否漏气，CO_2 气体是否畅通和均匀喷出。

2. 安全技术

① 穿好白色帆布工作服，戴好手套，选用合适的焊接面罩。

② 要保证有良好的通风条件，特别是在通风不良的小屋内或容器内焊接时，要注意排风和通风，以防 CO_2 气体中毒。通风不良时应戴口罩或防毒面具。

③ CO_2 气瓶应远离热源，避免太阳暴晒，严禁对气瓶强烈撞击，以免引起爆炸。

④ 焊接现场周围不应存放易燃易爆品。

3. 焊接工艺

CO_2 保护焊的工艺参数有焊接电流和电弧电压、焊丝干伸长度、气体流量等。在其采用短路过渡焊接时，还包括短路电流峰值和短路电流上升速度。

① 焊接电流和电弧电压。短路过渡焊接时，焊接电流和电弧

电压周期性变化。电流和电压表上的数值是其有效值,而不是瞬时值,一定的焊丝直径具有一定的电流调节范围。

② 焊丝干伸长度是指导电嘴端面至工件的距离。由于 CO_2 保护焊时选用的焊丝较细,焊接电流流经此段产生的电阻热对焊接过程有很大影响。生产经验表明,合适的干伸长度应为焊丝直径的 $10\sim20$ 倍,一般在 $5\sim15mm$ 范围内。

③ 气体流量。小电流时,气体流量通常为 $5\sim15L/min$;大电流时,气体流量通常为 $10\sim20L/min$,并不是流量越大保护效果越好。气体流量过大时,由于保护气流的紊流度增大,反而会把外界空气卷入焊接区。

④ 电源极性。CO_2 气体保护焊一般都采用直流反接,飞溅小,电弧稳定,成形好。

第五节　等离子焊接与切割

一、等离子弧的形成及分类

1. 等离子的形成

对自由电弧的弧柱进行强迫"压缩",从而使能量更加集中,弧柱中气体充分电离,这样的电弧称为等离子弧。等离子弧又称压缩电弧。它不同于一般的电弧,一般电弧焊所产生的电弧,因不受外界的约束,故也称它为自由电弧。通常,提高弧柱的温度是通过增大电弧功率的方法来解决,但自由电弧的温度都不高,一般平均只有 $6000\sim8000K$ 左右。

（1）工作原理　等离子电弧是由等离子弧发生装置产生的（见图 3-42）。

在钨极和工件之间加上一个较高的电压并经过高频振荡器的激发,会使气体电离形成电弧。电弧在通过特殊孔型的喷嘴时,受到了机械压缩,使截面积变小。另外,当电弧通过用水冷却的特种喷嘴内,因受到外部不断送来的冷气流及导热性很好的水冷喷嘴孔道

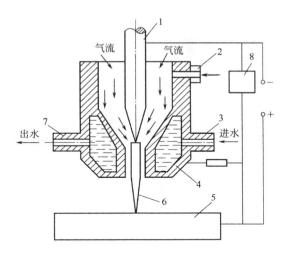

图 3-42 等离子弧的产生
1—钨极；2—进气管；3—进水管；4—喷嘴；5—焊件；
6—等离子弧；7—出水管；8—高频振荡器

壁的冷却作用，使电弧柱外围气体受到了强烈冷却。温度降低，导电截面缩小，产生热收缩效应，电弧进一步被压缩，造成电弧电流只能从弧柱中心通过，这时的电弧电流密度急剧增加。由于电弧内的带电粒子在弧柱内的运动产生磁场的电磁力，使它们之间相互吸引，也就是电磁收缩效应，结果使电弧再进一步被压缩，这样被压缩后的电弧能量将高度集中，温度也达到极高的程度（约 10000～20000℃），弧柱内的气体得到了高度的电离。当压缩效应的作用与电弧内部的热扩散达到平衡后，这时的电弧便成为稳定的等离子弧。电弧发生在钨极和工件之间，高温的阳极斑点在工件上喷嘴附近最高温度可达 30000℃。

（2）获得方式 等离子弧是通过以下三种作用获得的。

① 机械压缩。它利用水冷喷嘴孔道限制弧柱直径，来提高弧柱的能量密度和温度，如图 3-43(a) 所示。在钨极 1（负极）和焊件 3（正极）之间加上一较高的电压，通过激发使气体电离形成电弧 2，此时若弧柱通过具有特殊孔型的喷嘴 4，并同时送入一定压

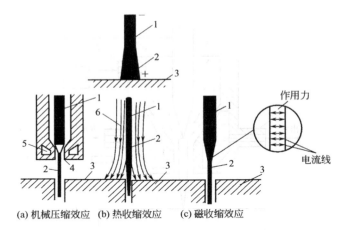

(a) 机械压缩效应　　(b) 热收缩效应　　(c) 磁收缩效应

图 3-43　等离子弧的压缩效应

1—钨极；2—电弧；3—焊件；4—喷嘴；5—冷却水；6—冷却气流

力的工作气体，使弧柱强迫通过细孔道，便受到了机械压缩，使弧柱截面积缩小，称为机械压缩效应。

②　热收缩。由于水冷喷嘴温度较低，从而在喷嘴内壁建立起一层冷气膜，迫使弧柱导电截面进一步减小，电流密度进一步提高，弧柱这种收缩称为"热收缩"，也可叫作"热压缩"。电弧通过水冷喷嘴，同时又受到外部不断送来的高速冷却气流（如氮气、氩气等）的冷却作用，弧柱外围受到强烈冷却，使其外围的电离度大大减弱，电弧电流只能从弧柱中心通过，即导电截面进一步缩小，这时电弧的电流密度急剧增加，这种作用称为热收缩效应，如图3-43(b) 所示。

③　磁收缩。弧柱电流本身产生的磁场对弧柱有压缩作用（即磁收缩效应）。电流密度愈大，磁收缩作用愈强。带电粒子在弧柱内的运动，可看成是在一束导线内移动，这些导线自身磁场所产生的电磁力，使这些导线相互吸引，因此产生磁收缩效应。由于前述两种效应使电弧中心的电流密度已经很高，使得磁收缩作用明显增强，从而使电弧更进一步受到压缩，如图 3-43(c) 所示。

2. 等离子的分类

按电极的不同接法，等离子弧分为转移型弧、非转移型弧、联合型弧三种。

① 电极接负极、喷嘴接正极产生的等离子弧称为非转移型弧，适用于焊接或切割较薄的材料。

② 电极接负极、焊件接正极产生的等离子弧称为转移型弧，适用于焊接、堆焊或切割较厚的材料。

③ 电极接负极、喷嘴和焊件同时接正极，则非转移型弧和转移型弧同时存在，称为联合型弧，适用于微弧等离子焊接和粉末材料的喷焊。

一般先按非转移型接线产生等离子弧后再过渡到转移型，联合型的电源正极同时接喷嘴和工件。这 3 种方式一般都使用具有直流陡降外特性的电源。空载电压高低与使用的气体有关，若使用氩时，空载电压为 65～100V，而使用氮或氢时为 250～400V。

转移型等离子弧温度高（10000～52000℃），有效热利用率高，主要用于切割、焊接（见等离子弧焊）和熔炼金属。切割的金属有铜、铝及其合金、不锈钢、各种合金钢、低碳钢、铸铁、钼和钨等。常用的切割气体为氮或氢氩、氢氮、氮氩混合气体。常用的电极为铈钨或钍钨电极，采用压缩空气切割时使用的电极为金属锆或铪。使用的喷嘴材料一般为紫铜或锆铜。切割不锈钢、铝及其合金的厚度一般为 3～100mm，最大厚度可达 250mm。

非转移型等离子弧温度最高可达 18000℃，主要用于工件表面喷涂耐高温、耐磨损、耐腐蚀的高熔点金属或非金属涂层，也可以切割薄板金属材料，还可以作为金属表面热处理的热源。联合型等离子弧主要用于微束等离子弧焊接和粉末堆焊。等离子弧加工见图 3-44。

3. 等离子弧的特点

（1）微束等离子弧　微束等离子弧焊可以焊接箔材和薄板。

（2）具有小孔效应　较好实现单面焊双面自由成形。

（3）等离子弧能量密度大　弧柱温度高，穿透能力强，10～

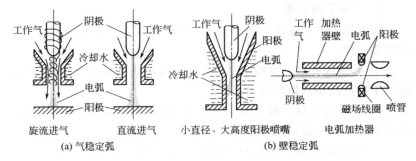

图 3-44　等离子弧加工

12mm 厚度钢材可不开坡口，能一次焊透双面成形，焊接速度快，生产率高，应力变形小。

（4）设备比较复杂，气体耗量大，只适宜于室内焊接。

（5）温度高，能量密度大　等离子的导电性高，承受电流密度大，因此温度高，又因其截面很小，则能量密度大。

（6）电弧挺角好　自由电弧的扩角约为 45°，而等离子弧由于电离程度高，放电过程稳定，在"压缩效应"作用下，等离子弧的扩角仅为 5°，故挺角好。

（7）具有很强的机械冲刷力　等离子弧发生装置内通入常温压缩气体，受电弧高温加热而膨胀，在喷嘴的阻碍下使气体压缩力大大增加，当高温气流由喷嘴细小通道中喷出时，可达到很高的速度（可超过声速），所以等离子弧有很强的机械冲刷力。

二、等离子弧的类型与切割

根据电极的不同，等离子弧可以分为非转移型弧、转移型弧和联合型弧三种。

1. 非转移型弧

电极接负极，喷嘴接正极，等离子弧产生在电极和喷嘴内表面之间，如图 3-45（a）所示，连续送入的工作气体穿过电弧空间之后，成为从喷嘴内喷出的等离子焰来加热熔化金属。

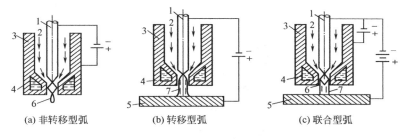

(a) 非转移型弧　　　(b) 转移型弧　　　(c) 联合型弧

图 3-45　等离子弧的形成

1—钨极；2—等离子气；3—喷嘴；4—冷却水；

5—焊件；6—非转移型弧；7—转移型弧

2. 转移型弧

电极接负极，焊件接正极，电弧首先在电极与喷嘴内表面间形成。当电极与焊件加上一个较高电压后，在电极与焊件间产生等离子弧，电极与喷嘴间的电弧就熄灭，即电弧转移到电极与焊件间，这个电弧就称为转移型弧［图 3-45（b）］。高温的阳极板点焊在焊件上，提高了热量的有效利用率，可作为切割、焊接和堆焊的热源。

3. 联合型弧

转移型弧和非转移型弧同时存在称为联合型弧［图 3-45（c）］，主要用于微束等离子弧焊和粉末材料的喷焊。

4. 等离子弧切割

此法是将混合气体通过高频电弧，气体可以是空气，也可以是氢气、氩气和氮气的混合气体。高频电弧使一些气体"分解"或离子化，成为基本的原子粒子，从而产生"等离子"。然后，电弧跳跃到不锈钢工件上，高压气体把等离子从割炬烧嘴吹出，出口速度为 $800 \sim 1000 \mathrm{m/s}$（约 3Ma）。这样，结合等离子中的各种气体恢复到正常状态时所释放的高能量产生 2700℃ 的高温。该温度几乎是不锈钢熔点的两倍，从而使不锈钢快速熔化，熔化的金属由喷出的高压气流吹走。因此，需要用排烟和除渣设备。

此法可以用来切割 $3.0 \sim 80.0 \mathrm{mm}$ 厚的不锈钢。切割面被氧化，因等离子的特性，切口呈八字形。等离子切割能量分布见图 3-46。

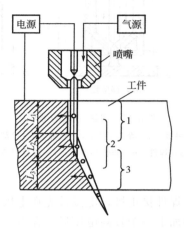

图 3-46　等离子切割能量分布

L_1—弧切割区的长度；L_2—活性斑点切割区的长度；

L_3—等离子火焰切割区的长度；

1—弧柱作用区；2—活性斑点作用区；3—等离子火焰作用区

用等离子弧作为热源，借助高速热离子气体熔化和吹除熔化金属而形成切口的热切割。等离子弧切割的工作原理与等离子弧焊相似，但电源有 150V 以上的空载电压，电弧电压也高达 100V 以上。割炬的结构也比焊炬粗大，需要水冷。等离子弧切割一般使用高纯度氮作为等离子气体，但也可以使用氩或氩氮、氩氢等混合气体。一般不使用保护气体，有时也可使用二氧化碳作保护气体。等离子弧切割有 3 类：小电流等离子弧切割使用 70～100A 的电流，电弧属于非转移型弧，用于 5～25mm 薄板的手工切割或铸件刨槽、打孔等；大电流等离子弧切割使用 100～200A 或更大的电流，电弧多属于转移型弧（见等离子弧焊），用于大厚度（12～130mm）材料的机械化切割或仿形切割；喷水等离子弧切割使用大电流，割炬的外套带有环形喷水嘴，喷出的水罩可减轻切割时产生的烟尘和噪声，并能改善切口质量。等离子弧可切割不锈钢、高合金钢、铸铁、铝及其合金等，还可切割非金属材料，如矿石、水泥板和陶瓷等。等离子弧切割的切口细窄、光洁而平直，质量与精密气割质量相似。同样条件下等离子弧的切割速度大于气割，且切割材料范围也比气割更广。

三、等离子焊安全操作规程

（1）等离子弧焊接和切割用电源的空载电压较高，操作时，有电击灼伤的危险。

① 电源在使用时必须可靠接地。

② 焊枪枪体或割枪枪体与手触摸部分必须可靠绝缘。

③ 可以采用较低电压引燃非转移型弧后再接通较高电压的转移型弧回路。

④ 如果启动开关装在手把上，必须对外露开关套上绝缘橡胶管，避免手直接接触开关。

⑤ 等离子弧焊接和切割用喷嘴及电极的寿命相对较短，要经常更换，换时要保证电源处于断开状态。

（2）防电弧光辐射　等离子弧较其他电弧的光辐射强度更大，尤其是紫外线强度，故对皮肤损伤严重，操作者在焊接和切割时必须戴上良好的面罩、手套，颈部也要保护。面罩上除具有黑色护目镜外，最好加上吸收紫外线的镜片。自动操作时，可在操作者与操作区之间设置防护屏。等离子弧切割时，可采用水下切割方法，利用水来吸收光辐射。

（3）防高频和射线　等离子弧焊接和切割都采用高频振荡器引弧，但高频对人体有一定的危害。引弧频率选择在 $20 \sim 60 kHz$ 较为合适，还要求工件接地可靠，转移型弧引弧后，立即可靠地切断高频振荡器电源。等离子弧焊接和切割采用钍钨，同钨极氩弧焊一样，要注意射线的危害。

（4）防灰尘和烟气　等离子弧焊接和切割过程中伴随有大量汽化的金属蒸气、臭氧、氮氧化物等。尤其切割时，由于气体流量大，致使工作场地上的灰尘大量扬起，这些烟气和灰尘对操作工人的呼吸道、肺部等产生严重影响。因此要求工作场地必须配置良好的通风设备及措施。切割时，在栅格工作台下方还可安置排风装置，也可以采取水中切割方法。

（5）防噪声　等离子弧会产生高强度、高频率的噪声，尤其采用大功率等离子弧切割时，其噪声更大，这对操作者的听觉系统和神经系统非常有害。要求操作者必须戴耳塞，可能的话，尽量采用自动化切割，使操作者在隔音良好的操作室内工作，也可以采取水中切割方法，利用水来吸收噪声。

（6）等离子弧焊接的电源通常都采用直流电源　必要时，为了更好地控制焊接参数，也可采用脉冲直流电源，因为其脉冲频率和脉冲宽度是可以调节的。脉冲频率在 15Hz 以下。脉冲电源结构形式基本上与钨极脉冲氩弧焊相似。

在焊接铝、镁及其合金时，采用交流电源，主要是利用阴极破碎作用。

（7）等离子弧焊接电源空载电压的选择　等离子弧切割电源的空载电压要比焊接电源的高，一般需要在 150～400V 之间。空载电压高，易于引弧。当切割大厚度板材采用双原子气体时，空载电压相应要高些。水再生等离子弧切割电源的空载电压则高达600V。

另外，空载电压还与割枪结构、喷嘴至焊件距离、气体流量等有关。等离子切割电源空载电压的选择见表 3-21。

表 3-21　等离子切割电源空载电压的选择

气体成分（体积分数）	空载电压/V
N_2	250～350
$N_2+Ar(N_2\ 50\%～80\%)$	200～350
$N_2+H_2(N_2\ 50\%～80\%)$	300～500
$H_2+Ar(H_2\ 35\%)$	250～500

（8）微束等离子弧焊不宜采用单个电源　微束等离子弧焊都是

采用联合型弧，由于焊接过程中需同时保持非转移型弧和转移型弧，故要采用两个独立的电源供电，不能采用单个电源供电。微束等离子弧焊接系统示意图见图 3-47。

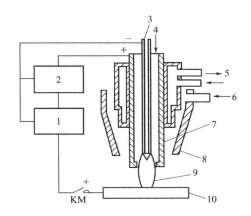

图 3-47　微束等离子弧焊接系统示意图

1—焊接电源；2—维弧电源；3—钨极；4—离子气；5—冷却水；6—保护气；

7—喷嘴；8—保护气罩；9—等离子弧；10—焊件；KM—接触器触头

（9）大电流等离子弧焊可用单个电源　大电流等离子弧焊时，大都采用转移型弧，先在钨极与喷嘴间引燃非转移型弧，然后再在钨极与焊件间建立转移型弧，转移型弧产生后随即切除非转移型弧，如图 3-48 所示。用串联电阻获得转移型弧需要低电流，因此，转移型弧和非转移型弧可用一个电源。

（10）穿透型等离子弧焊板材厚度的选择　穿透型等离子弧焊是利用等离子弧能量密度大和等离子流力大的特点，将焊件完全熔透并产生一个贯穿焊件的小孔。被熔化的金属在电弧吹力、液体金属重力与表面张力相互作用下保持平衡。焊枪前进时，穿孔在电弧后方锁闭，形成完全熔透的焊缝。穿孔效应只有在足够的能量密度条件下才能形成，板厚增加，所需能量密度也增加。由于等离子弧能量密度的提高有一定限制，因此，穿透型等离子弧焊只能在有限板厚内进行，其焊接参数见表 3-22。

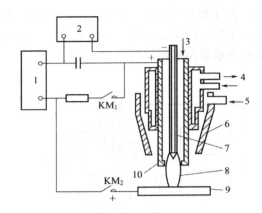

图 3-48　大电流等离子弧焊接系统示意图

1—焊接电源；2—高频振荡器；3—离子气；4—冷却水；
5—保护气；6—保护气罩；7—钨极；8—等离子弧；
9—焊件；10—喷嘴；KM_1、KM_2—接触器触头

表 3-22　穿透型等离子弧焊一次焊透的厚度

材料	不锈钢	钛及钛合金	镍及镍合金	低合金钢	低碳钢
焊接厚度范围/mm	≤8	≤12	≤6	≤7	≤8

（11）低熔点和低沸点金属不能采用等离子弧焊　等离子弧焊可以焊接低碳钢、不锈钢、铜合金、镍合金以及钛合金等，还可以解决氩弧焊所不能解决的极薄金属的焊接问题。但是，由于等离子弧的温度太高，而且能量集中，焰流的速度也大，如果用来焊接低熔点及低沸点金属，势必会在高温作用下熔化甚至蒸发金属，所以等离子弧焊不能焊接低熔点及低沸点的金属。

（12）厚板不宜采用等离子弧焊法　对于薄板及超薄板，采用等离子弧焊能获得高质量的焊缝，而且生产效率也高。但是，当厚度大于 8～9mm 时，等离子的穿透能力有限，很难实现一次焊透，需要多层焊，且费用较高。所以，对于厚板，最好采用等离子打底，其余各层应该选择熔敷效率高，而且又经济的焊接方式来完成。

（13）较薄焊件不能采用穿孔型等离子弧焊　焊件较薄（0.05～1.6mm）时，穿孔周围的熔化金属沿着熔池壁向后方移动，表面张力不能使穿孔消失，因此，薄焊件不宜选用穿孔型等离子弧焊，而应采用熔透型等离子弧焊。

（14）等离子弧焊（割）喷嘴类型的选择　一般采用三孔型喷嘴，这种喷嘴的焊接速度比单孔喷嘴高50%～100%，焊厚工件时，用收敛扩散三孔型或有压缩段的收敛扩散三孔型喷嘴较好。

单孔喷嘴产生的等离子弧"刚性"较大，对离子气流量变化敏感；收敛扩散型喷嘴产生的等离子弧"刚性"较小，但有足够的穿透力，对离子气流量变化不太敏感，而且焊接过程中不会出现双弧、飘弧、起弧前缘下陷和咬边现象。

收敛扩散型喷嘴焊接结束时形成的弧坑较浅，在环缝焊接时有利于在接头处减少或消除气孔，并容易填满弧坑。

（15）等离子弧焊喷嘴距离的选择　喷嘴高度影响弧长，对焊接成形影响不大。当喷嘴较低时，焊缝较窄，焊接速度快，但易咬边；当喷嘴较高时，熔深降低，焊缝粗糙，成形不好，合适的喷嘴高度为5～8mm。

（16）等离子弧切割距离的选择　在电极内缩量一定时（通常为2～4mm），喷嘴距离焊件高度一般为6～8mm。空气等离子弧切割和水压缩等离子弧切割的喷嘴距离焊件高度可略小一些。

（17）喷嘴壁厚不宜小于2.5mm　喷嘴的材料选择纯铜。对于大功率喷嘴，必须采用直接水冷，且要求能承受足够的压力和较大的流量。喷嘴壁厚小于2.5mm时，则会因高压水冷的作用而损坏，缩短了喷嘴的使用寿命，所以喷嘴壁厚应大于2.5mm。

（18）喷嘴的孔径不宜太大　喷嘴孔径的大小应根据焊接电流和离子流量来具体确定。一般来说，喷嘴孔径越大，对等离子弧的压缩作用越小。若孔径过大，就会失去压缩作用，难以产生等离子弧。通常喷嘴的孔径 L/d 应限制在一定范围。但是，喷嘴的孔径也不能过小，否则会引起双弧现象，烧坏喷嘴。

（19）较厚材料的焊接和切割不宜采用非转移型弧　非转移型

弧中焊件本身并不通电，而是被间隔加热。温度较低，热的有效利用率也不高，约 10%～20%。故非转移型弧不宜用于较厚材料的焊接与切割，应考虑转移型弧与联合型弧。

（20）非金属焊件不能使用转移型弧　转移型弧是产生于电极与焊件之间的等离子弧，而非金属的焊件不能导电，故无法建立转移型弧，只能采用非转移型弧形成的等离子弧焰来焊接或切割。

（21）等离子弧焊工作气体的选择　等离子弧焊的工作气体是离子气，其主要作用是压缩电弧、强迫其通过喷嘴通道，保护钨极不会被氧化等。调节离子气的成分和流量，可以进一步提高和抑制等离子弧的温度、能量密度及稳定性。

常用的等离子弧工作气体有氮、氩、氢以及它们的混合气体，用得最广泛的是氮气。氮气的成本低，化学性质不十分活泼，使用时危险性小。氮气纯度应不低于 99.5%，若其中含氧量或水汽量较多时，会使钨极严重烧损。氩气在焊接化学活泼性较强的金属时是良好的保护介质，一般氩气纯度应不小于 95%。氢气具有最大的热传递能力，能提高等离子弧的热功率，但氢气是易燃、易爆气体，故不能单独使用，多与其他气体混合使用。

（22）等离子弧焊气体的选择

① 一般情况下都使用 Ar 作保护气。

② 焊接不锈钢或镍合金时，采用 $\varphi(H_2)1\%～15\%+\varphi(Ar)$ 85%～99% 的混合气体作保护气，可改进电弧聚焦和保护效果，使弧柱稳定，改善熔化金属的流动性，使焊缝表面光洁。

③ 铜及铜合金焊接时一般不加氢气，但焊接厚铜板时，也可在 Ar 中加入微量的 H_2，能够消除铜焊中产生的氧气孔（因为铜及铜合金焊接时不可避免地会带入焊缝区一些微量氧气）。

④ 铝及铝合金焊接时，多用 Ar＋He 混合气或纯 He 作保护气。

⑤ 低碳钢焊接时，用 $\varphi(Ar)80\%～95\%+\varphi(CO_2)5\%～20\%$ 的混合气体作保护气，可消除焊缝内气孔，改善焊缝成形。等离子弧焊常用气体选择见表 3-23。

表 3-23 等离子弧焊常用气体成分（体积分数）的选择

金属种类	离子气	保护气	禁忌
碳钢及低合金钢		$Ar,Ar+CO_2(5\sim20)\%$	$CO_2>20\%$
不锈钢及镍合金		$Ar,Ar+H_2(5\sim7.5)\%$	$H_2>15\%$
铜	Ar	$Ar,He+Ar(25\sim50)\%$	含 H_2
活性金属		$Ar,He,Ar+He$	$He<40\%$
钛及钛合金		$Ar,Ar+He(50\sim75)\%$	

（23）等离子弧切割气体的选择 等离子弧切割最常用的气体为氢气、氮气、氮气＋氢气混合气体等，依据被切割材料及各种工艺条件而选用。

等离子弧切割是用非常热的高速射流来进行的，电弧和惰性气体强行穿过小孔产生这种高速射流。电弧能量集中在很小区域使板材熔化，高速射流将熔融金属吹出切口。等离子弧切割方法具有切割厚度大、装夹工件简单、可切割曲线等优点。与氧-乙炔火焰切割相比，等离子弧能量集中、切割变形小、能切割几乎所有的金属，但由于割口较宽，被熔化的金属较多，板材较厚时切口不如氧-乙炔切割得那样光滑平整。为了保证切口平行，需要用专门的割嘴。

（24）等离子弧切割禁止使用氧气作切割气体 等离子弧切割与氧-乙炔气割性质不同，它是金属熔化过程，而不是氧化过程，不能采用氧气作为切割气体。否则，会加剧电极和喷嘴的氧化烧损，降低其使用寿命，而更换零件的费用又较高。另外，由于氧气的存在，能引起切割参数不稳定，导致切口质量下降。因此，等离子弧切割中禁止用氧气作切割气体。等离子弧切割气体的选择与禁忌见表 3-24。

（25）穿透型等离子气流量的选择 穿透型等离子弧焊时，焊接过程中确保穿孔的稳定是获得优质焊缝的前提。影响穿孔稳定性的主要参数有离子气流量、焊接电流及焊接速度，其次是喷嘴距离和保护气体流量等。

表 3-24 等离子弧切割气体的选择与禁忌

工件厚度/mm	气体种类（体积分数）	禁忌
≤120	N_2	
≤150	$Ar+N_2$（N_2 60%～80%）	
≤200	H_2+N_2（N_2 50%～80%）	O_2
≤200	$Ar+H_2$（H_2 35%）	

离子气流量的增加，可使等离子流动能力和熔透能力增大。在其他条件不变时，为了形成小孔，必须要有足够的离子气流量。但是离子气流量过大也不好，会使小孔直径过大而不能保证焊缝成形。喷嘴孔径确定后，离子气流量的大小视焊接电流和焊接速度而定，亦即离子气流量、焊接电流和焊接速度这三者之间要有适当的匹配。

（26）穿透型等离子弧焊接电流的选择 对于焊接电流来说，焊接电流增加，等离子弧穿透能力增加。与其他电弧焊方法一样，焊接电流总是根据板厚或熔透要求来选定的。电流过小，不能形成小孔；电流过大，又将因小孔直径过大而使熔池金属坠落。此外，电流过大还可能引起双弧现象。为此，在喷嘴结构确定后，为了获得稳定的小孔焊接过程，焊接电流只能被限定在一个合适的范围内，而且这个范围与离子气流量有关。

对于不同的喷嘴，焊接电流的选择也是不同的。收敛扩散型喷嘴较普通圆柱形喷嘴，降低了喷嘴压缩程度，因而扩大了电流范围，即在较高的电流下也不会出现双弧。由于电流上限提高，因此采用收敛扩散型喷嘴，电流选择范围增大，这样也就提高了焊件厚度和焊接速度。

（27）穿透型等离子弧焊焊接速度的选择 焊接速度也是影响穿孔效应的一个重要参数。其他条件一定时，焊接速度增加，焊接热输入减小，砂眼孔径也随之减小，最后消失。小孔消失后，等离子弧明显向后偏离，将液体金属上翻，引起焊缝两侧咬边和气孔，甚至会形成贯穿焊缝的长气孔。反之，如果焊接速度太低，母材过热，背面焊缝会出现下陷，甚至出现熔池泄漏等缺陷。焊接速度的确定，取决于离子气流量和焊接电流。为了获得平滑的穿孔焊接焊缝，随着焊接速度的提高，必须同时提高焊接电流。如果焊接电流一定，增大离子气流量就要增大焊接速度。若焊接速度一定，增加离子气流量时应减小焊接电流。

（28）穿透型等离子弧焊喷嘴距离的选择　对于喷嘴距离来说，距离过大，熔透能力降低；距离过小，则造成喷嘴被飞溅物污染。喷嘴距离一般取 3～8mm。和钨极氩弧焊相比，喷嘴距离变化对焊接质量的影响不太敏感。

（29）穿透型等离子弧焊保护气流量的选择　保护气流量与离子气流量有一个适当的比例，离子气流量不大而保护气流量太大会导致气流的紊乱，将影响电弧稳定性和保护效果。穿透型焊接保护气流量一般在 15～30L/min 范围内。

（30）穿透型等离子弧焊时，要避免在焊缝上残留孔洞　穿透型等离子弧焊采用的焊接电流为 100～300A，由于选用的焊接电流较大，对于厚度大于 3mm 的焊件，容易在建立穿孔和终止穿孔的位置产生气孔和下陷。为了解决这一问题，对于纵缝，应采用引弧板及引出板，使穿透建立在引弧板而停止在引出板上；对于闭合环缝，必须采用焊接电流和离子气流量斜率递减控制法来收弧，逐渐闭合穿透。

（31）交流等离子弧焊焊接工艺的选择　交流等离子弧焊主要用于焊接铝、镁及其合金，通常采用矩形波交流焊接电源。调整正、负半周的通电时间比，使阴极清理作用强度及熔深可以控制。当铝焊件的氧化膜较易消除时，可使焊件为负极、钨极为正极的时间尽量短，即增长焊件为正极、钨极为负极的时间。这样在保证阴极清理作用足够的前提下，使母材获得更大的熔深，而使钨极的寿命延长。

交流等离子弧焊时采用钨钇极或钨锆极有较长的寿命和较好的稳弧性能，钨极的尖端为半球形。

对铝及铝合金进行交流等离子弧焊时，使用的离子气流量为焊接碳钢时的 1/3 左右。等离子气流量较大时，会形成表面凹凸不平的焊缝。考虑到钨极的冷却效果，离子气流量不宜太小，可适当增加喷嘴的孔径。

在平焊位置，当铝及铝合金的厚度小于 3mm 时，可进行矩形波交流熔透型等离子弧焊；当厚度为 3～6mm 时，可用穿透型等离子弧焊，在立焊位置，穿透法焊接的位置可达 15.9mm。

（32）等离子弧切割方法的选择　等离子弧切割方法除一般等离子弧切割外，派生出的形式有水再压缩等离子弧切割、空气等离子弧切割等。

① 一般等离子弧切割。一般等离子弧切割可采用转移型弧或非转移型弧。非转移型弧适宜于非金属材料，而切割金属材料通常采用转移型弧。

切割薄金属板材时，可以采用微束等离子弧以获得更窄的切口。

② 水再压缩等离子弧切割。水再压缩等离子弧切割利用水的特性，可降低切割噪声，并能吸收切割过程中所形成的强烈弧光、金属粒子、灰尘、紫外线等，大大地改善了操作工作的条件。水还能冷却工件，使切口平整和割后工件热变形减小，切口宽度也比等离子弧切割的切口窄。

③ 空气等离子弧切割。空气等离子弧切割有两种形式；一种是单一式空气等离子弧切割；另一种是复合式空气等离子弧切割，这种形式的空气等离子弧切割的成本低，气体来源方便。压缩空气在电弧中热解后分解和电离，生成的氧与切割金属产生化学放热反应，加快了切割速度。充分电离的空气等离子体的热熔值高，因而电弧的能量大，与等离子弧切割方法相比，其切割速度快，特别适用于切割厚度 30mm 以下的碳钢，也可以切割铜、不锈钢、铝及其他材料。

（33）水再压缩等离子弧切割电压的选择要比一般等离子弧切割电压高些　水再压缩等离子弧切割时，由于水的充分冷却以及水中切割时水的静压力，降低了电弧的热能效率，要保持足够的切割效率，在切割电流一定的条件下，其切割电压比一般等离子弧切割电压要高。此外，为消除水的不利因素，必须增加引弧功率、引弧高频强度和设计合适的割枪结构来保证可靠引弧和稳定切割电弧。

（34）单一空气与等离子弧切割不能采用钨极或氧化物极　图3-49（a）为单一式空气等离子弧切割原理图，这种等离子弧切割时利用空气压缩机提供的压缩空气作为工作气体和排除熔化金属的气流。压缩空气在电弧中加热后分解和电离，生成的氧与切割金属发生化学放热反应，加快了切割速度。但是这种切割方法的电极受到强烈的氧化腐蚀，所以一般采用镶嵌式纯锆或纯钛电极，不能采用纯钨极或氧化物极。即使采用锆极，它的工作寿命一般也只在5～10h以内。而另一种复合式空气等离子切割［切割原理见图3-49（b）］采用内外两层喷嘴，内喷嘴通入常用的工作气体，外喷嘴内通入压缩空气。这样，一方面利用压缩空气在切割区的化学放热反应，提高切割速度；另一方面又避免了空气与电极的直接接触，因而可采用纯钨极或氧化极，简化了电极结构。

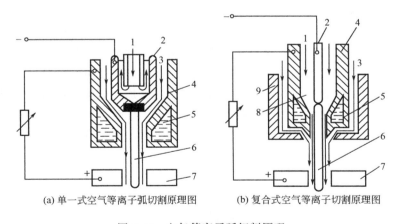

(a) 单一式空气等离子弧切割原理图　(b) 复合式空气等离子切割原理图

图 3-49　空气等离子弧切割原理

1—电极冷却水；2—电极；3—压缩空气；4—镶嵌式压缩喷嘴；
5—压缩喷嘴冷却水；6—电弧；7—工件；8—工作气体；9—外喷嘴

（35）等离子弧切割的气体流量不宜太大　等离子弧切割的气

体流量要与喷嘴孔径相适应。气体流量大，利用压缩电弧，使等离子弧的能量更为集中，提高了切割电压，有利于提高切割速度和及时吹除熔化金属。但气体流量过大，会带走电弧过多的热量，降低了切割能力，不利于电弧稳定。

（36）等离子弧焊或切割中要避免"双弧"现象　正常的转移型等离子弧应该稳定地燃烧在钨极和工件之间，当另有电弧燃烧在钨极、喷嘴、工件之间时，即形成"双弧"。此时主弧电流将降低，正常的焊接或切割过程被破坏，严重时将导致喷嘴烧毁或等离子弧焊或切割过程中断。避免产生"双弧"的措施有：

① 正确选择切割电流和等离子气流量；
② 喷嘴孔道不要太长；
③ 电极和喷嘴应尽可能对中；
④ 电极内缩量不要太大；
⑤ 喷嘴至工件的距离不要太近；
⑥ 加强对喷嘴和电极的冷却；
⑦ 减小转移弧时的冲击电流。

（37）等离子弧切割速度的增加不宜过分地增加切割电流　在一定条件下切割速度随着电弧功率的增加而增加，尤其随着切割电流的增加而显著地增加。当被切金属超过一定厚度时，切割电流对切割速度的影响相对较小。但随着电流的增加，电极、喷嘴的烧损程度将随之增加，所以切割厚度大的金属工件时，一般是通过提高切割电压来提高切割速度的。提高切割电压的途径有：

① 提高电源的空载电压；
② 改变喷嘴结构的几何形状；
③ 增加气体流量和采用氮气、氢气等工作气体。

（38）等离子弧切割焊缝的后拖量不宜过大　切割时由于金属各部位受热情况不同，在切口下端的熔化要比上端滞后一段距离，称为焊缝后拖量。造成后拖量的原因是等离子弧功率不足，焰流较短，切割速度过快，等离子气流量不合适等。当焊缝后拖量大时，熔化金属沿切口底部向切口后方流动，致使切口底部熔化，且熔合在一起而形成毛刺，所以，为了保证切割质量，应当控制后拖量不宜过大。

（39）不宜过分增加喷嘴孔道长度来提高切割电压　随着喷嘴孔道长度的增加，切割电压升高，电弧热功率增加，所以切割速度也有所增加。但当喷嘴孔道长度继续增加时，尽管由于弧柱拉长而使切割电压有所增加，但此时高温锥心区上升，相应的热能耗增加，焰流温度降低，这时的切割速度反而会下降，所以不宜过分地增加喷嘴孔道长度来提高切割电压。

（40）等离子弧焊预防缺陷产生的措施

① 焊件清理要彻底。

② 焊接速度不宜过快，穿透法焊接时，如速度过快，甚至会产生贯穿焊缝的长气孔。

③ 控制电弧电压不宜过高，电弧不宜过长。

④ 填充焊丝送进速度不宜过快。

⑤ 起弧和收弧处的焊接参数选择要适宜。

（41）等离子弧焊预防咬边的措施

① 选择合适的焊接参数，主要是控制等离子气流量、焊接电流和焊接速度不要过大。

② 控制焊枪不要倾斜。

③ 要有较好的装配质量，不能有错边，坡口两侧边缘要一样高。

④ 电极和喷嘴要保持同心。

第四章

特殊焊接作业安全

第一节　燃料容器检修补焊

工厂企业的各种燃料容器（桶、箱、槽、柜、罐和塔等）与管道，在工作中因承受内部介质的压力、温度、化学与电化学腐蚀的作用，或由于结构、材料及焊接工艺的缺陷（如夹渣、气孔、咬边、错边、熔化不良和焊缝的延迟裂纹等），在使用过程中可能产生裂缝和穿孔。因此，在生产过程中的检修和定期检修时，有时会遇到盛装可燃易爆物质的容器与管道需要动火焊补。这类焊接操作往往在易燃易爆、易中毒的情况下进行。

一、置换动火的安全措施

置换动火就是在焊补前实行严格的惰性介质置换，将原有的可燃物排出，使容器内的可燃物含量不能形成爆炸性混合物，保证焊补操作的安全。根据现行安全规则的规定，燃料容器的检修焊补，必须采用置换动火的办法。

为了有效防止爆炸着火事故，置换动火必须采取下列安全技术措施：

① 燃料容器与管道停工后，通常采用盲板将与之连接的出入管路截断，使焊补的容器管道与生产的部分完全隔离。为了有效防止爆炸事故的发生，盲板除必须保证严密不漏气外，还应保证能耐管路的工作压力，避免受压破裂。为此，在盲板与阀门之间应加设放空管或压力表，并派专人看守。否则应将管路拆卸一节。有些短

时间的检修工作可用水封切断气源，但应有专人在现场看守水封溢流管的溢流情况，防止水封失效。

② 焊补前，可采用蒸汽蒸煮，接着用置换介质吹净等方法将容器内部的可燃物质和有毒性物质置换出来。在置换过程中要不断取样分析，严格控制容器的可燃物含量。可燃容器内部的可燃物含量不得超过爆炸下限的 1/5。如果需进入容器内操作，除保证可燃物不得超过上述的含量外，还要保证含氧量为 18%～21%，有毒性物质含量应符合卫生标准的规定。

③ 常用的置换介质有氮气、二氧化碳、水蒸气或水等。以气体作为置换介质时，其需用量不能以超过被置换介质容积的几倍来计算，而必须以气体成分化验分析合格为准。使用置换介质置换时，将容器灌满即可。

④ 未经置换处理，或虽已置换但气体成分化验分析尚未合格的可燃物质容器，均不得随意动火焊补。

⑤ 置换作业后，容器的里外都必须仔细清洗，特别应当注意有些可燃易爆物质被吸附在容器内表面的积垢或外表面的保温材料中，由于温差和压力变化的影响，置换后可能陆续散发出来，导致焊补操作中容器内可燃气浓度发生变化，形成爆炸性混合物而发生爆炸和着火事故。

⑥ 在无法清洗的特殊情况下，在容器外焊补动火时应尽量多灌装清水，以缩小容器内可能形成爆炸性混合物的空间。容器顶部应留出与大气相通的孔口，以防止容器内压力的上升。并且应当在动火时保证不间断地进行机械通风换气，稀释可燃气体和空气混合物。

⑦ 动火焊补时，应打开容器的人孔、手孔、清扫孔和放散管等。严禁焊补未开孔洞的密封容器。

⑧ 进入容器内采用气焊动火时，点燃和熄灭焊枪的操作均应在容器外部进行，防止过多的乙炔气聚集在容器内。

⑨ 在工作地点周围 10m 内应停止其他用火工作，并将易燃物转移到安全场所。焊机二次回路及气焊设备、乙炔管要远离易燃

物，防止操作时因线路产生火花或乙炔管漏气而起火。

⑩ 检修动火前除应准备必要的材料、工具外，还必须准备好消防器材。在黑暗处或夜间工作，应有足够的照明，并准备好带有防护罩的手提低压（12V）行灯等。

二、带压不置换动火焊接安全技术

带压不置换动火作业是指含有可燃气体的设备、管道，在一定条件下未经置换直接动火的焊补作业。操作中严格控制系统内的氧含量，使可燃物含量大大超过爆炸极限，并保持正压操作，以达到安全要求。带压不置换焊补不需要置换容器内的原有气体，有时可以在不停车的情况下进行（如焊补气柜），需要办理的手续少，作业时间短，有利于生产。但由于只能在容器外动火，而且与置换动火相比，其安全性稍差，只要以稳定的条件保持扩散燃烧，即可保证带压不置换动火的安全性，必须十分注意下列安全事项。

（1）要查清设备、管道等泄漏的根本原因　如果管壁、设备器壁等大面积减薄，就不能采用不置换带压动火。因为这样可能使泄漏扩大，或暂时修复，不久即有泄漏爆炸的可能。如经过检验分析能断定泄漏的原因是点腐蚀或微波裂纹，修复后可恢复原安全性能的，可以使用此法。

（2）分析介质理化特性　泄漏的设备、管道内的可燃物料中，不得含有自动分解的爆炸物质、自聚物质、过氧化物质等或与氧化剂混合的可燃物。爆炸性混合气在不同的管径、压力和温度等条件下有不同的爆炸极限范围，不能将常温常压下测得的数据应用于不同情况下，同时尚需考虑仪表和检测的误差等。目前，有的企业和单位规定氢气、一氧化碳、乙炔和煤气等的极限含氧量以不超过1%作为安全值，这个数据具有一定的安全系数。否则不得采用带压不置换动火。

（3）考察使用温度与泄漏面积情况　使用温度很低的设备和泄漏处缺陷过大时，不要使用此法。在动火前和整个焊补过程中，都要始终稳定控制系统中氧含量低于安全值。当发现系统中氧含量增高，应尽快找出原因并及时排除。氧含量超出安全值时，应立即停止焊接。

（4）动火环境要符合安全要求　带压不置换动火的环境是已发生可燃气体泄漏的地方。泄漏点周围已经有可燃气体，即便在外部管架上也要注意风力风向，不让气体在泄漏点周围积聚。如是室内泄漏，要及时采取强制通风，将可燃气体排除。点燃可燃气体之前不得使用铁质工具，以防碰撞产生火花，引起火灾、爆炸，伤害现场人员。做好动火准备后，一定要在环境中做动火安全分析，一旦合格立即动火点燃可燃气体，不得拖延。点火环境的安全控制是带压不置换动火的重要环节。

（5）焊接过程中始终保持正压　整个焊接过程中，系统内要始终有不间断气源维持正压。可燃气体补充量不足时，可用事先准备的不燃气体补充。要有专人负责维持正压，绝不允许出现负压。其压力宜保持在490～1470Pa。压力骤然波动，应立即停止动火。

① 压力的大小应控制在不使猛烈喷火为宜。因为焊补前要引燃裂缝逸出的可燃气体，形成一个稳定的扩散燃烧系统，如果压力太大即气体流速大，喷出的火焰就会猛烈，焊条熔滴容易被大气流吹走，给焊接操作造成困难，而且穿孔部位的钢板，在火焰感温作用下易于变形或熔孔扩大，从而喷出更大的火焰，造成事故。

② 无论在室内或室外进行容器的带压不置换动火焊补时，还必须分析动火点周围滞留空间的可燃物含量，以小于爆炸下限的1/5为合格。

③ 焊接前引燃从裂缝逸出的可燃气体时，焊工不可正对动火点，以免发生烧伤事故。

④ 焊机的电流大小要预先调整好，特别是压力为 $1kgf/cm^2$ 以上和钢板较薄的容器，焊接电流过大容易熔扩穿孔，在介质的压力下将会产生更大的孔和裂纹，易造成事故。

⑤ 遇到动火条件有变化，尽快查明原因，采取相应对策，方可再进行焊补。

⑥ 焊接过程中如果发生猛烈喷火时，应立即采取消防措施。

在火未熄灭以前不得切断可燃气体来源，也不得降低系统压力，以防容器吸入空气形成爆炸性混合气。

对于甲醇等易燃液体介质管道、储罐，可先对泄漏部位做一个带阀门的模具，让阀门保持打开，并接通管线，将管线、设备内的介质转移到远处，再对模具周边用氮气做保护进行焊接，焊接完毕，将阀门关死。

（6）动火作业人员安全注意事项

① 动火作业人员必须取得焊工操作资质，并做到持证上岗；

② 动火作业人员必须严格办理动火作业票，并对相关操作要求清楚明了，并严格执行；

③ 动火作业人员要站在焊接部位的上风向，并佩戴空气呼吸器或长管呼吸器，以防不测；

④ 对可能出现的险情应做充分的估计，并熟悉相应的应急处置措施；

⑤ 监护人员必须责任心强，技术水平高，熟悉现场情况及各项安全注意事项，严格监督各项安全措施落实到位，对突发险情能及时正确地处理。

只要能够制订科学详细的操作方案，并保证落实到位，带压动火的安全可靠性是完全可以做到的。

（7）带压不置换动火的安全规定

① 在特殊情况下，对易燃、易爆、有毒气体的设备管道进行带压不置换动火焊接时，必须严格执行"特殊动火"的要求，办理动火审批手续，严格遵守动火有关规定。

② 动火施工前，要弄清焊补部位的情况，根据裂缝、穿孔的位置、形状、大小、材质和生产情况，制订动火焊补施工方案，指派专人负责落实安全措施。施工方案应经机动、生产调度、消防、安监等有关部门审查同意，并报请公司或总工程师批准。带压不置换动火项目，车间主任、工艺技术员应亲自指挥，并有专人监护。难度较大或危险性较大的动火项目，生产、机动、安监等有关部门，以及总经理、总工程师要亲临现场，消防队、气体防护人员也

要到现场监护。

③ 焊工要有较高的技术水平，不允许不懂、无证、技术不稳定、经验少的焊工带压焊接。在焊接过程中，必须严格控制系统内氧含量不得超过 0.5%，系统要始终保持正压，绝不允许在负压下进行。其压力应保护在 $150\sim500\mathrm{mmH_2O}$（$1\mathrm{mmH_2O}=9.80665\mathrm{Pa}$）。控制系统氧含量的岗位，要指派技术熟练、有操作经验的人员担任。当发现氧含量增高时，应增加分析次数，注意变化趋势。当氧含量超过 0.5% 时，应立即停止焊补作业。

④ 在焊补的设备上，应安装 U 形管压力计，派专人严密监视系统压力变化。当发现压力急骤上升或下降到 $150\sim500\mathrm{mmH_2O}$ 范围外时，应立即停止动火，待查明原因，采取措施后，方可继续进行作业。

⑤ 带压不置换动火焊接现场，通风必须良好，保证泄漏的气体能及时排走。焊补现场的上空不得有积聚易燃气体的死角空间。如裂缝很大，泄漏气体量很大，动火周围的气体成分复杂，要严格执行动火规定，防止爆炸和中毒。焊补部位因腐蚀严重、强度较差等其他情况，造成焊接困难时，以使用直流焊机为主，除此以外可使用交流焊机，焊条材质应和设备材质一致。

⑥ 焊补现场要备有一定数量的灭火器材、防毒面具，必要时要设轴流风机。现场通道保证畅通。

⑦ 动火前要报告生产调度并经同意，动火过程中要做到统一指挥，分工明确，责任到人，密切配合，加强工艺分析，保持生产稳定。各有关生产工段、岗位的人员，接到动火通知后，应检查并做好可能影响生产的一切预防措施和应急准备。

⑧ 动火前，应对全体参加的人员详细地交代安全施工方案、安全施工措施、安全注意事项及处理方法。车间主任、安全员、工艺技术员应全面检查安全技术措施的落实情况，各有关人员就位上岗。

⑨ 准备工作就绪后施工人员佩戴好防毒面具（严禁使用氧气呼吸器）从上风侧进入焊接地点，把要焊的钢板依预先画好的范围

覆盖上去，紧紧抓住，引燃可燃气体后，开始焊接。引燃可燃气体时，禁止面对着穿孔、裂缝，以防压力突然增大，喷火伤人。如可燃气体不能引燃，应检查原因。如因系统通入某些水蒸气，使可燃气体成为非燃混合物而无法引燃时，应戴上防毒面具，严防中毒。在焊接过程中，如焊口扩大，无法焊接时，应停车处理。焊补煤气柜时，如火焰增大，需要灭火，可迅速降低气柜，使焊接燃烧处浸入水槽中。

⑩ 焊补结束后，应彻底熄灭现场余火，认真检查是否符合质量要求，并经设备所在车间验收。当存在生产不稳定，裂缝孔洞过大，焊补部位腐蚀严重、过薄、不能控制压力等情况时，不得进行带压不置换动火，以采用黏结剂贴补等不动火方法为宜。

三、置换焊补安全操作规程

1. 固定动火区

为使焊补工作集中，便于加强管理，厂区内和车间内可划定固定动火区。凡可拆卸并有条件移动到固定动火区焊补的物件，必须移至固定动火区内焊补，从而减少在防爆车间或厂房内的动火工作。固定动火区必须符合下列要求：

（1）无可燃气管道和设备，并且周围距易燃易爆设备管道10m 以上。

（2）室内的固定动火区与防爆的生产现场要隔开，不能有门窗、地沟等串通。

（3）生产中的设备在正常放空或一旦发生事故时，可燃气体或蒸气不能扩散到动火区。

（4）要常备足够数量的灭火工具和设备。

（5）固定动火区内禁止使用各种易燃物质。

（6）作业区周围要划定界限，悬挂防火安全标志。

2. 实行可靠隔绝

现场检修，要先停止待检修设备或管道的工作，然后采取可靠的隔绝措施，使要检修、焊补的设备与其他设备（特别是生产部分的设备）完全隔绝，以保证可燃物料等不能扩散到焊补设备及其周围。可靠的隔绝方法是安装盲板或拆除一段连接管线。盲板的材料、规格和加工精度等技术条件一定要符合国家标准，不可滥用，并正确装配，必须保证盲板有足够的强度，能承受管道的工作压力，同时严密不漏。在盲板与阀门之间应加设放空管或压力表，并派专人看守。对拆除管路的，注意在生产系统或存有物料的一侧上好堵板。堵板同样要符合国家标准的技术条件。同时，还应注意常压敞口设备的空间隔绝，保证火星不能与容器口逸散出来的可燃物料接触。对有些短时间的焊补检修，可用水封切断气源，但必须有专人在现场看守水封溢流管的溢流情况，防止水封失效。总之，不认真做好隔绝工作不得动火。

3. 实行彻底置换

做好隔绝工作之后，设备本身必须排尽物料，把容器及管道内的可燃性介质或有毒性介质彻底置换。在置换过程中要不断地取样分析，直至容器管道内的可燃、有毒物质含量符合安全要求。

常用的置换介质有氮气、水蒸气或水等。置换的方法要视被置换介质与置换介质的密度而定，当置换介质比被置换介质密度大时，应由容器或管道的最低点送进置换介质，由最高点向外排放。以气体为置换介质时的需用量一般为被置换介质容积的 3 倍以上。某些被置换的可燃气体有滞留的性质，或者同置换气体的密度相差不大，此时应注意置换不彻底或两者相互混合。因此，置换的彻底性不能仅看置换介质的用量，而要以气体成分的化验分析结果为准。以水为置换介质时，将设备、管道灌满即可。

4. 正确清洗容器

容器及管道置换处理后，其内外都必须仔细清洗，因为有些可燃易爆介质被吸附在设备及管道内壁的积垢或外表面的保温材料中，液体可燃物会附着在容器及管道的内壁上。如不彻底清洗，由于温度和压力变化的影响，可燃物会逐渐释放出来，使本来合格的动火条件变成了不合格，从而导致火灾爆炸事故。

清洗可用热水蒸煮、酸洗、碱洗或用溶剂清洗，使设备及管道内壁上的积垢物等软化溶解而除去。采用何种方法清洗应根据具体情况确定。碱洗是用氢氧化钠（烧碱）水溶液进行清洗，其清洗过程是先在容器中加入所需量的清水，然后把定量的碱片分批逐渐加入，同时缓慢搅动，待全部碱片均匀溶解后，方可通入水蒸气煮沸。蒸汽管的末端必须伸至液体的底部，以防通入水蒸气后有碱液泡沫溅出。禁止先放碱片后加清水（尤其是热水），因为烧碱溶解时会产生大量的热，涌出容器管道而灼伤操作者。

对于用清洗法不能除尽的积垢物，由操作人员穿戴防护用品，进入设备内部用不发火的工具铲除，如用木质、黄铜（含铜 70％以下）质或铝质的刀、刷等，也可用水力、风动和电动机械以及喷砂等方法清除。置换和清洁必须注意不能留死角。

5. 空气分析和监视

动火分析就是对设备和管道以及周围环境的气体进行取样分析。动火分析不但能保证开始动火时符合动火条件，而且可以掌握焊补过程中动火条件的变化情况。在置换作业过程中和动火作业前，应不断从容器及管道内外的不同部位取气体样品进行分析，检查易燃易爆气体及有毒有害气体的含量。检查合格后，应尽快实施焊补，动火前半小时内分析数据是有效的，否则应重新取样分析。要注意取样的代表性，以使数据准确可靠。焊补开始后每隔一定时间仍需对作业现场环境进行分析，动火分析的时间间隔则根据现场情况来确定。若有关气体含量超过规定要求，应立即停止焊补，再次清洗并取样分析，直到合格为止。

6. 安全组织措施

（1）必须按照规定的要求和程序办理动火审批手续，目的是制定安全措施、明确领导者的责任。承担焊补工作的焊工应经专门培训，并经考核取得相应的资格证书。

（2）工作前要制订详细的切实可行的方案，包括焊接作业程序和规范、安全措施及施工图等，并通知消防队、急救站、生产车间等各方面做好应急准备工作。

（3）在作业点周围 10m 以内应停止其他用火工作，易燃易爆物品应移到安全场所。

（4）工作场所应有足够的照明，手提行灯应采用 12V 安全电压，并有完好的保护罩。

（5）在禁火区内动火作业以及在容器与管道内进行焊补作业时，必须设监护人。监护的目的是保证安全措施的认真执行。监护人应为有经验的人员。监护人应明确职责、坚守岗位。

（6）进入容器或管道进行焊补作业时，触电的危险性最大，必须严格执行有关安全用电的规定，采取必要的防护措施。

四、带压不置换焊补安全操作规程

1. 严格控制含氧量

目前，有的部门规定氢气、一氧化碳、乙炔和发生炉煤气等的极限含氧量以不超过 1% 作为安全值，即具有一定的安全系数。在常温常压情况下氢气的极限含氧量约为 5.2%，但考虑到高压、高温条件的不同，以及仪表和检测的误差，所以规定为 1%。带压不置换焊补之前和焊补过程中，必须进行容器或管道内含氧量的检测。当发现系统中含氧量增高时，应尽快找出原因及时排除，否则应停止焊补。

2. 正压操作

在焊补的全过程中，容器及管道必须连续保持稳定正压，这是带压不置换动火安全的关键。一旦出现负压，空气进入正在焊补的容器或管道中，就容易发生爆炸。

压力一般控制在 $0.015 \sim 0.049$MPa（$150 \sim 500$mmH$_2$O）为宜。压力太大，气流速度大，造成猛烈喷火，给焊接操作造成困难，甚至使熔孔扩大，造成事故；压力太小，容易造成压力波动，焊补时会使空气渗入容器或管道，形成爆炸性混合气体。

3. 严格控制工作点周围可燃气体的含量

无论是在室内还是在室外进行带压不置换焊补作业时，周围滞留空间可燃气体的含量，以小于 0.5% 为宜。分析气体的取样部位应根据气体性质及房屋结构特点等正确选择，以保证检测结果的正确性和可靠性。

室内焊补时，应打开门窗进行自然通风，必要时，还应采取机械通风，以防止爆炸性混合气体的形成。

4. 焊补操作的安全要求

（1）焊工在操作过程中，应避开点燃的火焰，防止烧伤。

（2）焊接规范应按规定的工艺预先调节好，焊接电流过大或操作不当，在介质压力的作用下容易引起烧穿，以致造成事故。

（3）遇周围条件有变化，如系统内压力急剧下降或含氧量超过安全值等，都要立即停止焊补，待查明原因采取相应对策后，才能继续进行。

（4）在焊补过程中，如果发生猛烈喷火现象，应立即采取消防措施。在火未熄灭前，不得切断可燃气体来源，也不得降低或消除容器或管道的压力，以防止容器或管道吸入空气而形成爆炸性混合气体。

第二节 水下焊接与切割

水下焊接与切割是水下工程结构的安装、维修施工中不可缺少的重要工艺手段，常被用于海上救捞、海洋能源、海洋采矿等海洋工程和大型水下设施的施工过程中。

一、水下焊接方法

水下焊接有干法、湿法和局部干法三种。

1. 干法焊接

这是采用大型气室罩住焊件、焊工在气室内施焊的方法，由于是在干燥气相中焊接，其安全性较好。在深度超过空气的潜入范围时，由于增加了空气环境中局部氧气的压力，容易产生火星。因此应在气室内使用惰性或半惰性气体。干法焊接时，焊工应穿戴特制防火、耐高温的防护服。与湿法和局部干法焊接相比，干法焊接安全性最好，但使用局限性很大，应用不普遍。

2. 局部干法焊接

局部干法焊接是焊工在水中施焊，人为地将焊接区周围的水排开的水下焊接方法，其安全措施与湿法焊接相似。由于局部干法焊接还处于研究之中，因此使用尚不普遍。

3. 湿法焊接

湿法焊接是焊工在水下直接施焊，而不是人为地将焊接区周围的水排开的水下焊接方法。电弧在水下燃烧与埋弧焊相似，是在气泡中燃烧的。焊条燃烧时焊条上的涂料形成套筒使气泡稳定存在，因而使电弧稳定。要使焊条在水下稳定燃烧，必须在焊条芯上涂一层一定厚度的涂药，并用石蜡或其他防水物质浸渍的方法，使焊条具有防水性。气泡是由氢气、氧气、水蒸气和焊条药皮燃烧产生的气体形成。为克服水的冷却和压力作用造成的引弧及稳弧困难，其引弧电压要高于大气中的引弧电压，其电流较大气中焊接电流大 $15\% \sim 20\%$。

水下湿法焊接与干法和局部干法焊接相比，应用最多，但安全性最差。由于水具有导电性，因此防触电成为湿法焊接的主要安全问题之一。

二、水下焊接特点

水下环境使得水下焊接过程比陆上焊接过程复杂得多，除焊接技术外，还涉及潜水作业技术等诸多因素，水下焊接的特点如下。

（1）可见度差　水对光的吸收、反射和折射等作用比空气强得多，因此，光在水中传播时减弱得很快。另外，焊接时电弧周围产生大量气泡和烟雾，使水下电弧的可见度非常低。在有淤泥的海底和夹带沙泥的海域中进行水下焊接，水中可见度就更差了。

（2）焊缝含氢量高　氢是焊接的大敌，如果焊接中含氢量超过允许值，很容易引起裂纹，甚至导致结构的破坏。水下电弧会使其周围水产生热分解，导致溶解到焊缝中的氢增加，水下焊条电弧焊的焊接接头质量差与氢含量高是分不开的。

（3）冷却速度快　水下焊接时，海水的热导率高，是空气的

20 倍左右。若采用湿法或局部干法水下焊接时，被焊工件直接处于水中，水对焊缝的急冷效果明显，容易产生高硬度淬硬组织。因此，只有采用干法焊接，才能避免冷效应。

（4）压力的影响　随着压力增加，电弧弧柱变细，焊道宽度变窄，焊缝高度增加，同时导电介质密度增加，从而增加了电离难度，电弧电压随之升高，电弧稳定性降低，飞溅和烟尘增多。

（5）连续作业难以实现　由于受水下环境的影响和限制，许多情况下不得不采用焊一段、停一段的方法进行，因而产生焊缝不连续的现象。

三、水下焊接与切割安全措施

（1）准备工作　水下焊接与切割安全工作的一个重要特点是有大量、多方面的准备工作，一般包括下述几个方面：

① 调查作业区气象、水深、水温、流速等环境情况。当水面风力小于 6 级、作业点水流流速小于 0.1～0.3m/s 时，方可进行作业。

② 水下焊割前应查明被焊割件的性质和结构特点，弄清作业场所是否存在易燃、易爆和有毒物质。对可坠落、倒塌物体要适当固定，尤其水下切割时应特别注意，防止砸伤或损伤供气管及电缆。

③ 下潜前，在水上应对焊割的设备及工具、潜水装具、供气管和电缆、通信联络工具等的绝缘、水密性、工艺性能进行检查试验。氧气管要用 1.5 倍工作压力的蒸汽或热水清洗，气管内外不得黏附油脂。气管与电缆应每隔 0.5m 捆扎牢固，以免相互绞缠。入水下潜后，应及时整理好供气管、电缆和信号绳等，使其处于安全位置，以免损坏。

④ 在作业点上方，半径相当于水深的区域内，不得同时进行其他作业。因水下操作过程中会有未燃尽气体或有毒气体逸出并上浮至水面，水上人员应有防火准备措施，并应将供气泵置于上风处，以防着火或水下人员吸入有毒气体中毒。

⑤ 操作前，操作人员应对作业地点进行安全处理，移去周围的障碍物；水下焊割不得悬浮在水中作业，应事先安装操作平台，或在物件上选择安全的操作位置，避免使自身、潜水装具、供气管和电缆等处于熔渣喷溅或流动范围内。

⑥ 潜水焊割人员与水面支持人员之间要有通信装置，当一切准备工作就绪，在取得支持人员同意后焊割人员方可开始作业。

⑦ 水下焊接与切割工作，必须由经过专门培训并持有此类工作许可证的人员进行。

（2）防火防爆安全措施

① 对储油罐、油管、储气罐和密闭容器等进行水下焊割时，必须遵守燃料容器焊补的安全技术要求。其他物件在焊割前也要彻底检查，并清除内部的可燃易爆物质。

② 要慎重考虑切割位置和方向，最好先从距离水面最近的部位着手，向下割。这是由于水下切割是利用氧气与氢气或石油气燃烧火焰进行的，在水下很难调整好它们之间的比例。未完全燃烧的剩余气体逸出水面，遇到阻碍就会在金属构件内积聚形成可燃气穴。凡在水下进行立割，均应从上向下进行，避免火灾经过未燃气体聚集处，引起燃爆。

③ 严禁利用油管、船体、缆索和海水作为焊机回路的导电体。

④ 在水下操作时，如焊工不慎跌倒或气瓶用完更换新瓶时，常因供气压力低于割炬处的水压力而失去平衡，这时极易发生回火。因此，除了在供气总管处安装回火防止器外，还应在割炬柄与供气管之间安装防爆阀。防爆阀由逆止阀与火焰消除器组成，前者阻止可燃气的回流，以免在气管内形成爆炸性混合气；后者能防止火焰通过逆止阀时，引燃气管中的可燃气。

⑤ 使用氢气作为燃气时，应特别注意防爆、防泄漏。

⑥ 可以在水上点燃割炬带入水下，或带点火器在水下点火。带火下沉时，特别是在越过障碍时，一不留神有被火焰烧伤或烧坏潜水装具的危险。在水下点火易发生回火和未燃气体量增多，同样有爆炸的危险，应引起注意。

⑦ 为防止高温熔滴落进潜水服的折叠处或供气管上，烧坏潜水服或供气管，尽量避免仰焊和仰割。

⑧ 不要将气割用软管夹在腋下或两腿之间，防止万一因回火爆炸击穿或烧坏潜水服。割炬不要放在泥土上，防止堵塞，每日工作完用清水冲洗割炬并晾干。

（3）防触电安全措施

① 焊接电源需用直流电，禁止用交流电。因为在相同电压下通过潜水员身体的交流电流大于直流电流。并且与直流电相比，交流电稳弧性差，易造成较大飞溅，增加烧损潜水装具的危险。

② 所有设备、工具要有良好的绝缘和防水性能，绝缘电阻不得小于 $1M\Omega$。为了防止海水、大气盐雾的腐蚀，需要包敷具有可靠水密的绝缘护套，且应有良好的接地。

③ 焊工要穿不透水的潜水服，戴干燥的橡皮手套，用橡皮包裹潜水头盔下颌部的金属纽扣。潜水头盔上的滤光镜铰接在盔外面，可以开合，滤光镜涂色深度应较陆地上浅。焊工在水下装备的工具及所有零部件，均应采取防水绝缘保护措施，以防被电解腐蚀或出现电火花。

④ 更换焊条时，必须先发出拉闸信号，断电后才能去掉残余的焊条头，换新焊条，或安装自动开关箱。焊条应彻底绝缘和防水，只在形成电弧的端部保证电接触。

⑤ 换气瓶时，如不能保证压力不变，应将割炬熄灭，换好后再点燃，或将割炬送出水面，等气瓶换好后再送下水。

（4）注意事项

① 焊割炬（枪、把）在使用前应做绝缘、水密性和工艺性能等方面的检查，需先在水面进行试验。氧气管使用前应当用 1.5 倍工作压力的蒸汽或水进行清洗，胶管内外不得粘有油脂。供电电缆必须检验其绝缘性能。热切割的供气管和电缆每 0.5m 间距应捆扎牢固。

② 潜水焊割工应备有无线通信工具，以便随时同水面上的支持人员取得联系，不允许在没有任何通信联络的情况下进行水下焊

割作业。潜水焊割工入水后，在其作业点的水面上半径相当于水深的区域内，禁止进行其他作业。

③ 水下焊割前应查明作业区的周围环境，熟悉作业水深、水文、气象和被焊割物件的结构形式等情况。应当给潜水焊割工一个合适的工作位置，禁止在悬浮状态下进行焊接操作。一般潜水焊割工应停留在构件上或事先设置的操作平台上。

④ 在水下焊割开始操作前应仔细检查、整理供气管、电缆、设备、工具及信号绳等，在任何情况下，都不得使这些装备和焊割工本身处于熔渣溅落和流动的路线上。应当移去操作点周围的障碍物，将自身置于有利的安全位置上，同水面支持人员联系并取得同意后方可施焊。

⑤ 水下作业点处的水流速度超过 0.1～0.3m/s，水面风力超过 6 级时，禁止水下作业。

第三节　高处焊接作业安全

凡在坠落高度基准面 2m 以上（含 2m）有可能坠落的高处进行的作业，均称为高处作业。由于在高处操作，往往活动范围狭窄，当有事故征兆时很难紧急回避，因此，发生事故的可能性比较大，而且事故严重程度高，必须加以特殊注意。高处作业定义见图 4-1。

焊工在坠落高度基准面 2m 以上（包括 2m）有可能坠落的高处进行焊接与切割的作业称为高处（或称登高）焊接与切割作业。高处焊接与切割作业易发生的事故有触电、坠落、火灾和物体打击等。我国将高处作业列为危险作业，并分为四级，见表 4-1。

表 4-1　高处作业的级别

级别	一	二	三	特级
距基准面高度/m	2～5	5～15	15～30	＞30

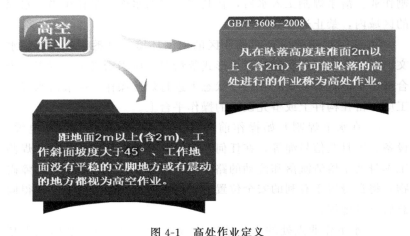

图 4-1　高处作业定义

一、个人防护措施

1. 防护用品

（1）电焊面罩

① 防止焊接弧光危害和火花烫伤，应根据 GB/T 3609.1—2008《职业眼面部防护 焊接防护 第 1 部分：焊接防护具》的要求，选用符合作业条件的遮光镜片。

② 焊工用面罩有手持式和头戴式两种，面罩和头盔的壳体应选用难燃或不燃的且对皮肤无刺激的绝缘材料制成，罩体应遮住脸面和耳部，结构牢靠，无漏光。

③ 头戴式电焊面罩，用于各类电弧焊或登高焊接作业，不应超过 560g。

④ 辅助焊工应根据工作条件，选戴遮光性能相适应的面罩和防护眼镜。

⑤ 气焊、气割作业，应根据焊接、切割工件板的厚度，选用相应型号的防护眼镜。

⑥ 焊接、切割的准备，清理工作，如打磨焊口、清除焊渣等，

应使用镜片不易破碎的防渣眼镜。

（2）焊工工作服

① 焊工使用的防护服应根据焊接与切割工作的特点选用。

② 棉帆布工作服广泛用于一般焊接、切割工作，工作服的颜色为白色。

③ 气体保护焊在紫外线作用下，有可能产生臭氧等气体时应选用粗毛呢或皮革等面料制成的工作服，以防焊工在操作中被烫伤或体温增高。

④ 全位置焊接工作的焊工应配用皮制工作服。

⑤ 在仰焊切割时，为了防止火星、熔渣从高处溅落到头部和肩上，焊工应在颈部围毛巾，穿着用防燃材料制成的护肩、长袖套、围裙和鞋盖等。

⑥ 焊工穿的工作服不应潮湿，工作服的口袋应有袋盖，上身应遮住腰部，裤长应罩住鞋面，工作服上不应有破损、孔洞和缝隙，不允许沾有油脂。

⑦ 焊接与切割作业的工作服，不能用一般合成纤维织物制作。

（3）焊工手套

① 焊工手套应由耐磨、耐辐射热的皮革或棉帆布和皮革合制材料制成，其长度不应小于 300mm，要缝制结实。焊工不应戴有破损和潮湿的手套。

② 焊工在可能导电的焊接场所工作时，所用的手套应该用具有绝缘性能的材料制成（或附加绝缘层），并经耐电压（5000V）试验合格后，方能使用。

（4）焊工安全鞋

① 焊工应穿具有绝缘、抗热、不易燃、耐磨损和防滑性能的绝缘鞋。

② 焊工穿防护鞋的橡胶鞋底，应经耐电压（5000V）试验合格。如在易燃易爆场合焊接时，鞋底不应有鞋钉，以免摩擦产生火星。

③ 在有积水的地面焊接切割时，焊工应穿经过耐电压（6000V）

试验合格的防水橡胶鞋。

（5）电焊、切割的其他防护用品

① 电焊、切割工作场所，由于弧光辐射、熔渣飞溅而影响周围视线，应设置弧光防护室或护屏。护屏应选用不燃材料制成，其表面应涂上黑色或深灰色油漆，高度不应低于 1.8m，下部应留 25cm 流通空气的空隙。

② 焊工登高或在可能发生坠落的场所进行焊接、切割作业时所用的安全带，应符合 GB 6095—2009《安全带》的要求，安全带上安全绳的挂钩应挂牢。

③ 焊工用的安全帽应符合 GB 2811—2007《安全帽》的要求。

④ 焊工使用的工具袋、桶应完好、无孔洞，焊工常用的手锤、渣铲、钢丝刷等工具应连接牢固。

⑤ 焊工所用的移动式照明灯具的电源线，应采用 YQ 或 YQW 型橡胶套绝缘电缆，导线应完好、无破损，灯具开关应不漏电，电压应根据现场情况确定或用 12V 的安全电压，灯具的灯泡应有金属网罩防护。

2. 防护措施

（1）凡进入高空作业区和登高进行焊割操作，必须戴好安全帽。使用耐热性能好的安全带，穿胶底鞋，不得使用尼龙安全带等耐热性能差的材料。安全带应紧固牢靠，安全绳长度必须小于 2m。

（2）必须使用符合安全要求的梯子。梯角需包扎橡皮防滑垫，梯子与地面夹角不得大于 60°，使用人字梯时应用限跨铁钩挂住单梯，使其夹角为 40°。

（3）不准二人在同一梯子（或人字梯的同一侧）同时作业，不得踩在梯子的最高踏级上工作。

（4）脚手板要事先经过检查，不得使用腐蚀和机械损伤的木板或铁木混合板。板面需打防滑条，并装设扶手。

（5）脚手板单程人行道宽度不小于 0.6m。双程人行道宽度不得小于 1.2m。

（6）安全网需张挺，不得留缺口，而且应层层翻高。应经常检查安全网的质量，发现有损坏时必须立即更换。

（7）安全网的架设应外高里低，铺设平整，不留缝隙，随时清理网上杂物，安全网应随作业点升高而提升，发现安全网破损应按要求更换。

二、作业安全措施

高处作业存在的主要危险是坠落，而高处焊接与切割作业将高处作业和焊接与切割作业的危险因素叠加起来，增加了危险性。其安全问题主要是防坠落、防触电、防火、防爆以及其他个人防护等。因此，高处焊接与切割作业除应严格遵守一般焊接与切割的安全要求外，还必须遵守以下安全措施。

（1）登高焊割作业应避开高压线、裸露导线及低压电源线。不可避开时，上述线路必须停电，并在电闸上挂上"有人工作，严禁合闸"的警告牌。

（2）焊机及其他焊割设备与高处焊割作业点的下部地面保持10m以上的距离，并应设监护人，以备在情况紧急时立即切断电源或采取其他抢救措施。

（3）登高进行焊割作业者，衣着要灵便，戴好安全帽，穿胶底鞋，禁止穿硬底鞋和带钉易滑的鞋。要使用标准的防火安全带，不能用耐热性差的尼龙安全带，而且安全带应牢固可靠，长度适宜。

（4）登高的梯子应符合安全要求，梯脚需防滑，上下端放置应牢靠，与地面夹角不应大于60°。使用人字梯时夹角约40°±5°为宜，并用限跨铁钩挂住。不准两人在一个梯子上（或人字梯的同一侧）同时作业。禁止使用盛装过易燃易爆物质的容器（如油桶、电石桶等）作为登高的垫脚物。

（5）脚手板宽度单程行人道不得小于0.6m，双程行人道不得小于1.2m，上下坡度不得大于1：3，板面要钉防滑条并装扶手。板材需经过检查，强度足够，不能有机械损伤和腐蚀。使用安全网时要张挺，要层层翻高，不得留缺口。

（6）所使用的焊条、工具、小零件等必须装在牢固的无孔洞的工具袋内，防止落下伤人。焊条头不得乱扔，以免烫伤、砸伤地面人员，或引起火灾。

（7）在高处进行焊割作业时，为防止火花或飞溅引起燃烧和爆炸事故，应把动火点下部的易燃易爆物移至安全地点。对确实无法移动的可燃物品要采取可靠的防护措施，例如用石棉板覆盖遮严；在允许的情况下，还可将可燃物喷水淋湿，增强耐火性能。高处焊割作业，火星飞得远，散落面大，应注意风向风力，下风方向的安全距离应根据实际情况增大，以确保安全。焊割作业结束后，应检查是否留有火种，确认合格后方可离开现场。

（8）严禁将焊接电缆或气焊、气割的橡皮软管缠绕在身上操作，以防触电或燃爆。登高焊割作业不得使用带有高频振荡器的焊接设备。

（9）患有高血压、心脏病、精神病以及不适合登高作业的人员不得登高焊割作业。登高作业人员必须经过健康检查。

（10）恶劣天气，如六级以上大风、下雨、下雪或雾天，不得登高焊割作业。

第四节　受限空间内焊接作业安全

一、概念

（1）受限空间　化学品生产单位的各类塔、釜、槽、罐、炉膛、锅筒、管道、容器，以及地下室、窨井、坑（池）、下水道或其他封闭、半封闭场所。

（2）受限空间作业　进入或探入化学品生产单位的受限空间进行的作业。

（3）有限空间　所谓有限空间，是指封闭或者部分封闭，与外界相对隔离，出入口较为狭窄，作业人员不能长时间在内工作，自然通风不良，易造成有毒有害、易燃易爆物质积聚或者氧含量不足的空间。

（4）局限空间 一般是指容积小、自燃通风差的空间。也指那些不需要经常进入其内进行保养、维修或清扫的空间，即在平时无人进入工作的封闭空间。

美国联邦法规《审批性局限空间》中"局限空间"是指具备下述条件的空间：

① 空间足够大，雇员身体可全部进入并可在其中进行指定的作业。

② 进入该空间的方式受限（如塔罐、储槽、筒仓、储藏间、地坑等都是进出方式受限的空间）。

③ 该空间不是雇员常设工作地点。

（5）审批性局限空间 满足下述一个或几个条件的局限空间：

① 会有有毒大气或可能产生有害气体。

② 会有可能淹、埋进入者的物质。

③ 内部有能把进入者夹住或窒息的结构，如向内咬合的凸（齿）轮、向下倾斜的工作面或收缩口较小的罐形装置等。

④ 有任何其他已知严重危害安全和健康的因素。

二、分类

（1）密闭设备 如船舱、储罐、车载槽罐、反应塔（釜）、冷藏箱、压力容器、管道、烟道、锅炉等。

（2）地下有限空间 如地下管道、地下室、地下仓库、地下工程、暗沟、隧道、涵洞、地坑、废井、地窖、污水池（井）、沼气池、化粪池、下水道等。

（3）地上有限空间 如储藏室、酒糟池、发酵池、垃圾站、温室、冷库、粮仓、料仓等。

（4）冶金企业非标设备 如高炉、转炉、电炉、矿热炉、电渣炉、中频炉、混铁炉、煤气柜、重力除尘器、电除尘器、排水器、煤气水封等。

受限空间作业安全特性见图 4-2。

图 4-2 受限空间作业安全特性

三、受限空间焊接作业危险性分析

1. 环境危险

（1）缺氧危险 系统经退料、蒸煮、清洗、置换等处理后，容器（空间）因通风不畅，氧含量小于 18%，有时施工用火内部耗氧量大，氧含量达不到 18%。

（2）易燃、可燃物 系统处理不干净，容器（空间）内存在死角，相连物料管线未隔离物料内漏、互窜。施工用易燃、可燃物料泄漏，运行设备发生跑、冒、滴、漏等。

（3）有毒有害物 系统处理不干净，会残留 H_2S、瓦斯、CO 等。填料吸附有毒有害物，系统未隔离，开工过程中系统阀门关不严，内漏气体。值得注意的是：在一般作业环境中"有毒"和"无毒"的界限和概念是非常清楚的。如在一间 $2m \times 1.5m \times 2.7m$（总容积 $8.1m^3$）的标准卫生间中洗浴，当用管道煤气热水器时，燃烧 $1m^3$ 煤气将生成同体积的 CO_2 并消耗 $0.5m^3$ 的氧。此时，如卫生间是密不通风的，空气中的 CO_2 浓度将达到 8% 以上，同时因空气中的氧分在降低，氧含量将低于 16%。两者均已达到可使人瞬间昏迷的浓度，若抢救不及时，死亡在所难免。

（4）局限空间内有转动构件 系统停工处理后，转动构件动力源（电源、气源等）未隔离，误送电或误操作、接线错误或施工不协调，启动转动构件，这时若有人进行焊接作业，可能造成机械伤害事故。

2. 施工危险

（1）触电危险　施工照明、设备用电未使用安全电压和漏电保护装置（漏电保护器），电源线破损，工具、设备漏电，或违章作业等均有可能造成触电事故。

（2）脚手架及其使用隐患　容器内搭设的脚手架不规范，稳定性差，跳板滑动，材料不合格，使用时超载、脚手架塌陷或翻倒、坠落或物体打击。

（3）防护器材及其使用缺陷　气体防护器材、安全带、安全帽使用不正确；气体防护器材有缺陷；氧气源不足、药剂失效、输送管漏气或脱落，未定期检验，检测仪器不准确等。

（4）施工机具缺陷　施工用卷扬机、起重机、手持电动工具未进行安全检查，出现卷扬机刹车不灵、钢丝绳断，手持电动工具漏电等。

（5）焊接粉尘、高温畏寒等。

受限空间作业危险性分析见图 4-3。

中毒危害：受限空间容易积聚高浓度有害物质。有害物质可以是原来就存在于受限空间的，也可以是作业过程中逐渐积聚的。

缺氧危害：空气中氧浓度过低会引起缺氧。

燃爆危害：空气中存在易燃、易爆物质，浓度过高遇火星会引起爆炸或燃烧。

其他危害：其他任何威胁生命或健康的环境条件，如坠落、溺水、物体打击、电击等。

图 4-3　受限空间作业危险性分析

3. 缺氧的原因和事例

缺氧的原因和事例见表 4-2。

表4-2 缺氧的原因和事例

项目	原因	事例
空气中氧被消耗	氧化物氧化	(1)罐槽内壁材料,由于存在水分而引起氧化 (2)储器运输过程中氧被消耗
	谷物、水果、蔬菜等的呼吸作用	(1)储藏库内谷物、水果、蔬菜等呼吸作用耗氧,产生二氧化碳 (2)原木、木屑的呼吸作用和发酵作用
	有机物的腐蚀	粪、尿、污水等有机物腐败,消耗氧而产生硫化氢、二氧化碳和氨等
	密闭小室	小型冷藏库、冷冻室等,储存物消耗氧而产生窒息性气体
氧含量少的空气喷逸	逆流	建筑物的基础工程和地下铁路工程沙砾层间的空气,由于二价铁盐的氧化作用而耗氧,当工程减压时,发生逆流
	渗流	缺氧空气从基础工程渗流到基础坑、地下室、井等
	底层内空气喷出	残留的缺氧空气,喷向附近基础坑、地下室、井等
	减压时涌出	用水气工程法压出,沙砾层内的空气减压时涌出
气体	槽内充入氧气	容易引起火灾,极易氧化,物质的处理工程有时需要充氧
	采用氮气稀释冲洗	用氮冲洗易燃易爆的反应罐、储槽等
	用二氧化碳保鲜	水果、蔬菜保鲜储藏,需充二氧化碳
	干冰的应用	使用干冰的场所会产生二氧化碳
	发酵作用	酿酒等工程发酵槽、储槽内二氧化碳浓度高
	甲烷涌出	(1)沼泽地区、污浊港湾产生甲烷,涌出甲烷,发生缺氧 (2)岩石层的隧道产生甲烷,发生缺氧
	二氧化碳喷出	(1)换气不畅的狭窄场所在使用二氧化碳灭火器时造成缺氧 (2)焊接时用二氧化碳保护,因换气不良,二氧化碳浓度大,发生缺氧
其他	长期未使用的水井	由于有机物腐败耗氧而缺氧
	地下水沟	低铁化合物侵入而发生缺氧
	设备管道内	只用惰性气体置换了易燃易爆、有毒物质,未用空气置换气体

项目	原因	事例
其他	缺氧的症状	21%,正常空气成分 18%,安全界限 16%,头痛、恶心和脉搏增加 12%,呼吸扰乱、疲乏、判断错误、感情混乱 10%,呕吐、丧失知觉 8%,昏睡、丧失知觉,8min 内死亡 6%,呼吸停止,甚至死亡

四、事故特点

（1）作业人员对有限空间概念的陌生，以至于根本无法认清相应空间存在的危害性，这是有限空间事故高发的根本原因；

（2）监护、救援人员相关知识的匮乏是相应事故死亡人数多的主要原因，经常发生一人在有限空间内作业出现意外，多名救援人员进行营救时的死亡事故；

（3）适用救援设备的缺失也是相应有限空间事故发生时作业人员死亡率高的原因。

五、受限空间作业安全要求

1. 受限空间作业证管理

受限空间作业实施作业证管理，作业前应办理《受限空间安全作业证》。

2. 安全隔绝

（1）受限空间与其他系统连通的可能危及安全作业的管道应采取有效隔离措施。

（2）管道可采用插入盲板或拆除一段管道进行安全隔绝，不能用水封或关闭阀门等代替盲板或拆除管道。

（3）与受限空间相连通的可能危及安全作业的孔、洞需进行严密封堵。

（4）受限空间有搅拌器等用电设备时，应在停机后切断电源，上锁并加挂警示牌。

3. 清洗或置换

受限空间作业前，应根据受限空间盛装（过）的物料的特性，对受限空间进行清洗或置换，并达到下列要求：

（1）氧含量一般为 18%～21%，在富氧环境下不得大于 23.5%。

（2）有毒气体（物质）浓度应符合 GBZ 2《工业场所有害因素职业接触限值》的规定。

（3）可燃气体浓度：当被测气体或蒸气的爆炸下限大于等于 4% 时，其被测浓度不大于 0.5%（体积分数）；当被测气体或蒸气的爆炸下限小于 4% 时，其被测浓度不大于 0.2%（体积分数）。

4. 通风

应采取措施，保持受限空间空气流通良好。

（1）打开人孔、手孔、料孔、风门、烟门等与大气相通的设施进行自然通风。

（2）必要时，可采取强制通风。

（3）采用管道送风时，送风前应对管道内介质和风源进行分析确认。

（4）禁止向受限空间充氧气或富氧空气。

5. 监测

（1）作业前 30min 内，应对受限空间进行气体采样分析，分析合格后方可进入。

（2）分析仪器应在校验有效期内，使用前应保证其处于正常工作状态。

（3）采样点应有代表性，容积较大的受限空间，应在上、中、下各部位取样。

（4）作业中应定时检测，至少每 2h 检测一次，如检测分析结果有明显变化，则应加大检测频率；作业中断超过 30min 应重新进行检测分析，对可能释放有害物质的受限空间，应连续监测。情况异常时应立即停止作业，撤离人员，对现场处理，取样分析合格后方可恢复作业。

（5）涂刷具有挥发性溶剂的涂料时，应做连续分析，并采取强制通风措施。

（6）采样人员伸入或探入受限空间采样时应采取规定的防护措施。

6. 个体防护措施

（1）在缺氧或有毒的受限空间作业时，应佩戴隔离式防护面具，必要时作业人员应拴救生绳。

（2）在易燃易爆的受限空间作业时，应穿防静电工作服、工作鞋，使用防爆型低压灯具及不产生火花的工具。

（3）在有酸碱等腐蚀性介质的受限空间作业时，应穿戴好防酸碱工作服、工作鞋、手套等防护用品。

（4）在产生噪声的受限空间作业时，应佩戴耳塞或耳罩等防噪声护具。

7. 照明及用电安全

（1）受限空间照明电压应小于等于36V。在潮湿容器、狭小容器内作业，照明电压应小于等于12V。

（2）使用超过安全电压的手持电动工具作业或进行电焊作业时，应配备漏电保护器。在潮湿容器中，作业人员应站在绝缘板上工作，同时保证金属容器可靠接地。

（3）临时用电应办理用电手续，按 GB/T 13869—2017《用电安全导则》架设和拆除。

8. 监护

（1）受限空间作业，在受限空间外应设有专人监护。

（2）进入受限空间前，监护人应会同作业人员检查安全措施，统一联系信号。

（3）在风险较大的受限空间作业，应增设监护人，并随时保持与受限空间作业人员的联络。

（4）监护人不得脱离岗位，并应掌握受限空间作业人员的人数和身份，对人员和工器具进行清点。

9. 其他安全要求

（1）在受限空间作业时应在受限空间外设置安全警示标志。

（2）受限空间出入口应保持畅通。

（3）多工种、多层交叉作业应采取互相之间避免伤害的措施。

（4）作业人员不得携带与作业无关的物品进入受限空间，作业中不得抛掷材料、工器具等。

（5）受限空间外应备有空气呼吸器（氧气呼吸器）、消防器材和清水等相应的应急用品。

（6）严禁作业人员在有毒、窒息环境下摘下防毒面具。

（7）难度大、劳动强度大、时间长的受限空间作业应采取轮换作业。

（8）在受限空间进行高处作业应按 GB 30871—2014《化学品生产单位特殊作业安全规范》的规定进行，应搭设安全梯或安全平台。

（9）在受限空间进行动火作业应按 GB 30871—2014《化学品生产单位特殊作业安全规范》的规定进行。

（10）作业前后应清点作业人员和作业工器具。作业人员离开受限空间作业点时，应将作业工器具带出。

（11）作业结束后，由受限空间所在单位和作业单位共同检查受限空间内外，确认无问题后方可封闭。

第五章

焊接缺陷及质量检验

第一节　焊　接　缺　陷

　　焊接结构在制作过程中受各种因素的影响，所以生产出的每一件产品不可能完美无缺，这些焊接缺欠的存在不同程度地影响到产品的质量和安全使用。焊接检查的目的就是运用各种检验方法，把焊件上产生的各种缺陷检查出来，并按有关标准的规定，对焊接缺陷进行处理。

一、焊接缺欠与焊接缺陷

　　焊接接头的不完整性称为焊接缺欠，主要有焊接裂纹、孔穴、固体夹渣、未熔合、未焊透、形状缺陷等。这些缺欠减小焊缝截面积，降低承载能力，产生应力集中，引起裂纹，降低疲劳强度，易引起焊件破裂而导致脆断。其中，危害最大的是焊接裂纹和未熔合。

　　缺欠与缺陷本无根本上的区别，均是表征产品不完整或有缺陷。但对于焊接结构而言，基于使用准则，有必要对缺欠和缺陷赋予不同的含义。

　　在焊接接头中的不连续、不均匀以及不健全等缺欠，统称为缺欠。不符合焊接产生适用性能要求的焊接缺欠，称为焊接缺陷。也就是说，焊接缺陷属于焊接缺欠中不可接受的缺欠部分，必须经过修补才能使用，否则就会成为废品。

　　判断焊接缺陷的标准是焊接缺欠的容限。国际焊接学会（IIW）

第Ⅴ委员会，从质量管理角度提出了两个质量标准，即 Q_A 和 Q_B，如图 5-1 所示。

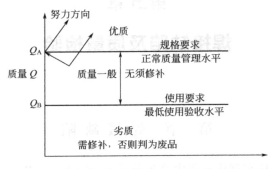

图 5-1　IIW-Ⅴ质量标准示意图

Q_A 是正常质量管理的质量水平，它是工厂努力的目标，必须按 Q_A 进行管理。Q_B 是根据使用标准确定出反映缺陷的最低质量水平，只要不低于这个水平，即使产品有缺欠，也能满足使用要求。

二、焊接产生的缺陷分类

1. 外观缺陷

外观缺陷（表面缺陷）是指不用借助仪器，从工件表面可以发现的缺陷。常见的外观缺陷有咬边、焊瘤、凹坑及未焊满等。

（1）咬边　咬边是指由于焊接参数选择不当，或操作方法不正确，沿焊趾的母材部位产生的沟槽或凹陷。咬边将减少母材的有效截面积，在咬边处可能引起应力集中，特别是低合金高强钢的焊接，咬边的边缘组织被淬硬，易引起裂纹。咬边降低了结构的承载能力，同时还会造成应力集中，发展为裂纹源。焊缝的咬边见图 5-2。

矫正操作姿势，选用合理的规范，采用良好的运条方式都会有利于消除咬边。焊角焊缝时，用交流焊代替直流焊也能有效地防止咬边。

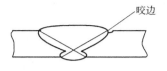

图 5-2　焊缝的咬边

（2）焊瘤　焊缝中的液态金属流到加热不足、未熔化的母材上或从焊缝根部溢出，冷却后形成的未与母材熔合的金属瘤即为焊瘤。焊接规范过强、焊条熔化过快、焊条质量欠佳（如偏芯）、焊接电源特性不稳定及操作姿势不当等都容易带来焊瘤。在横、立、仰位置施焊更易形成焊瘤。焊瘤见图 5-3。

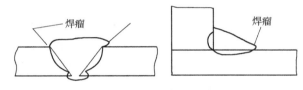

图 5-3　焊瘤

焊瘤常伴有未熔合、夹渣缺陷，易导致裂纹。同时，焊瘤改变了焊缝的实际尺寸，会带来应力集中。管子内部的焊瘤减小了它的内径，可能造成流动物堵塞。

防止焊瘤的措施：使焊缝处于平焊位置，正确选用规范，选用无偏芯焊条，合理操作。

（3）凹坑　凹坑指焊缝表面或背面局部的低于母材的部分。

凹坑多是收弧时焊条（焊丝）未做短时间停留造成的（此时的凹坑称为弧坑），仰、立、横焊时，常在焊缝背面根部产生内凹。

凹坑减小了焊缝的有效截面积，常带有弧坑裂纹和弧坑缩孔。

防止凹坑的措施：选用有电流衰减系统的焊机，尽量选用平焊位置，选用合适的焊接规范，收弧时让焊条在熔池内短时间停留或环形摆动，填满弧坑。

（4）未焊满　未焊满一般是指对接焊缝，当焊接完成以后，焊缝表面的熔敷金属低于母材，也就是说焊缝填充量较少，没有高出基体母材形成凸起的表面。

未焊满同样削弱了焊缝，容易产生应力集中，同时，由于规范太弱使冷却速度增大，容易带来气孔、裂纹等。

防止未焊满的措施：加大焊接电流，加焊盖面焊缝。

（5）烧穿　烧穿是指焊接过程中，熔深超过工件厚度，熔化金属自焊缝背面流出，形成穿孔性缺陷。烧穿见图5-4。

图 5-4　焊接烧穿

焊接电流过大，速度太慢，电弧在焊缝处停留过久，都会产生烧穿缺陷。工件间隙太大，钝边太小也容易出现烧穿现象。

烧穿是锅炉压力容器产品上不允许存在的缺陷，它完全破坏了焊缝，使接头丧失其连接及承载能力。

选用较小电流并配合合适的焊接速度，减小装配间隙，在焊缝背面加设垫板或药垫，使用脉冲焊，能有效地防止烧穿。

（6）其他表面缺陷

① 成形不良指焊缝的外观几何尺寸不符合要求，有焊缝超高，表面不光滑，以及焊缝过宽、向母材过渡不圆滑等。

② 错边指两个工件在厚度方向上错开一定位置，它既可视作焊缝表面缺陷，又可视作装配成形缺陷。

③ 塌陷。单面焊时由于输入热量过大，熔化金属过多而使液态金属向焊缝背面塌落，成形后焊缝背面突起，正面塌陷。

④ 表面气孔及弧坑缩孔。

⑤ 各种焊接变形，如角变形、扭曲、波浪变形等都属于焊接缺陷；角变形也属于装配成形缺陷。

2. 气孔和夹渣

（1）气孔　气孔是指焊接时，熔池中的气体未在金属凝固前逸出，残存于焊缝之中所形成的空穴。其气体可能是熔池从外界吸收的，也可能是焊接冶金过程中反应生成的。

① 气孔的分类。气孔根据其形状分为球状气孔、条虫状气孔。根据数量可分为单个气孔和群状气孔。群状气孔又有均匀分布气孔、密集状气孔和链状分布气孔之分。根据气孔内气体成分分为氢气孔、氮气孔、二氧化碳气孔、一氧化碳气孔、氧气孔等。熔焊气孔多为氢气孔和一氧化碳气孔。

② 气孔的形成机理。常温固态金属中气体的溶解度只有高温液态金属中气体溶解度的几百分之一至几十分之一，熔池金属在凝固过程中，有大量的气体要从金属中逸出来，当凝固速度大于气体逸出速度时，就形成气孔。

③ 产生气孔的主要原因。母材或填充金属表面有锈、油污等，焊条及焊剂未烘干会增加气孔量，因为锈、油污及焊条药皮、焊剂中的水分在高温下分解为气体，增加了高温金属中气体的含量。焊接线能量过小，熔池冷却速度大，不利于气体逸出。焊缝金属脱氧不足也会增加氧气孔。

④ 气孔的危害。气孔减少了焊缝的有效截面积，使焊缝疏松，从而降低接头的强度，降低塑性，还会引起泄漏。气孔也是引起应力集中的因素。氢气孔还可能促成冷裂纹。

(2) 夹渣　夹渣是指焊后熔渣残存焊缝中的现象。

① 夹渣的分类

a. 金属夹渣：指钨、铜等金属颗粒残留在焊缝之中，习惯上称为夹钨、夹铜。

b. 非金属夹渣：指未熔的焊条药皮或焊剂、硫化物、氧化物、氮化物残留于焊缝之中。冶金反应不完全，脱渣性不好。

② 夹渣的分布与形状。有单个点状夹渣、条状夹渣、链状夹渣和密集夹渣。

③ 夹渣产生的原因：坡口尺寸不合理；坡口有污物；多层焊时，层间清渣不彻底；焊接线能量小；焊缝散热太快，液态金属凝固过快；焊条药皮、焊剂化学成分不合理，熔点过高；钨极惰性气体保护焊时，电源极性不当，电流密度大，钨极熔化脱落于熔池

中；手工焊时，焊条摆动不良，不利于熔渣上浮。

可根据以上原因分别采取对应措施，以防止夹渣的产生。

④ 夹渣的危害。点状夹渣的危害与气孔相似，带有尖角的夹渣会产生尖端应力集中，尖端还会发展为裂纹源，危害较大。

3. 裂纹

焊缝中原子结合遭到破坏，形成新的界面而产生的缝隙称为裂纹。

(1) 裂纹的分类　根据裂纹尺寸大小，分为三类：

a. 宏观裂纹：肉眼可见的裂纹。

b. 微观裂纹：在显微镜下才能发现的裂纹。

c. 超显微裂纹：在高倍数显微镜下才能发现，一般指晶间裂纹和晶内裂纹。

① 热裂纹。产生于 A_{c3} 线附近的裂纹为热裂纹，一般是焊接完毕即出现，又称结晶裂纹。这种裂纹主要发生在晶界，裂纹面上有氧化色彩，失去金属光泽。

② 冷裂纹。指在焊毕冷至马氏体转变温度 M_3 点以下产生的裂纹，一般是在焊后一段时间（几小时，几天甚至更长）才出现，故又称延迟裂纹。

③ 再热裂纹。接头冷却后再加热至 $500 \sim 700 ℃$ 时产生的裂纹为再热裂纹。再热裂纹产生于沉淀强化的材料（如含 Cr、Mo、V、Ti、Nb 的金属）焊接热影响区内的粗晶区，一般从熔合线向热影响区的粗晶区发展，呈晶间开裂特征。

④ 层状撕裂。钢材在轧制过程中，将硫化物（如 MnS）、硅酸盐类等杂质夹在其中，形成各向异性，在焊接应力或外拘束应力的作用下，金属沿轧制方向的杂物开裂为层状撕裂。

⑤ 应力腐蚀裂纹。在应力和腐蚀介质共同作用下产生的裂纹。除残余应力或拘束应力的因素外，应力腐蚀裂纹主要与焊缝组织组成及形态有关。

(2) 裂纹的危害　裂纹，尤其是冷裂纹，带来的危害是灾难性的。世界上的压力容器事故除极少数是由于设计不合理，选材不当引起的以外，绝大部分是裂纹引起的脆性破坏。

（3）热裂纹（结晶裂纹）　热裂纹发生于焊缝金属凝固末期，敏感温度区大致在固相线附近的高温区。其生成原因是在焊缝金属凝固过程中，结晶偏析使杂质生成的低熔点共晶物富集于晶界，形成所谓"液态薄膜"，在特定的敏感温度区（又称脆性温度区），其强度极小，由于焊缝凝固收缩而受到拉应力，最终开裂形成裂纹。热裂纹最常见的情况是沿焊缝中心长度方向开裂，为纵向裂纹；有时也发生在焊缝内部两个柱状晶之间，为横向裂纹。弧坑裂纹是另一种形态常见的热裂纹。

热裂纹都是沿晶界开裂，通常发生在杂质较多的碳钢、低合金钢、奥氏体不锈钢等材料气焊缝中。

（4）影响热裂纹的因素

① 合金元素和杂质的影响。碳元素以及硫、磷等杂质元素的增加，会扩大敏感温度区，使结晶裂纹的产生机会增大。

② 冷却速度的影响。冷却速度增大，一是使结晶偏析加重，二是使结晶温度区间增大，两者都会增加热裂纹的出现机会。

③ 结晶应力与拘束应力的影响。在脆性温度区内，金属的强度极低，焊接应力又使这部分金属受拉，当拉应力达到一定程度时，就会出现热裂纹。

（5）再热裂纹

① 再热裂纹的特征

a. 再热裂纹位于焊接热影响区的过热粗晶区，在焊后热处理等再次加热的过程中产生。

b. 再热裂纹的产生温度：碳钢与合金钢 550～650℃；奥氏体不锈钢约 300℃。

c. 再热裂纹为晶界开裂（沿晶开裂）。

d. 最易产生于沉淀强化的钢种中。

e. 与焊接残余应力有关。

② 再热裂纹的产生机理　再热裂纹的产生机理有多种解释，其中模型开裂理论的解释如下：近缝区金属在高温热循环作用下，

强化相碳化物沉积在晶内的位错区上，使晶内强化强度大大高于晶界强化，尤其是当强化相弥散分布在晶粒内时，阻碍晶粒内部的局部调整，又会阻碍晶粒的整体变形；这样，由于应力松弛而带来的塑性变形就主要由晶界金属来承担，于是，晶界应力集中，就会产生裂纹，即所谓的模型开裂。

（6）冷裂纹

① 冷裂纹的特征

a. 产生于较低温度，且产生于焊后一段时间以后，故又称延迟裂纹。

b. 主要产生于热影响区，也有产生于焊缝区的。

c. 冷裂纹可能是沿晶开裂、穿晶开裂或两者混合出现。

d. 冷裂纹引起的构件破坏是典型的脆断。

② 冷裂纹产生机理

a. 淬硬组织（马氏体）减小了金属的塑性储备。

b. 接头的残余应力使焊缝受拉。

c. 接头内有一定的含氢量。

含氢量和拉应力是冷裂纹（这里指氢致裂纹）产生的两个重要因素。一般来说，金属内部原子的排列并非完全有序的，而是有许多微观缺陷。在拉应力的作用下，氢向高应力区（缺陷部位）扩散聚集。当氢聚集到一定浓度时，就会破坏金属中原子的结合键，金属内就出现一些微观裂纹。应力不断作用，氢不断地聚集，微观裂纹不断地扩展，直至发展为宏观裂纹，最后断裂。决定冷裂纹的产生与否，有一个临界的含氢量和一个临界的应力值。当接头内氢的浓度小于临界含氢量，或所受应力小于临界应力时，将不会产生冷裂纹（即延迟时间无限长）。在所有的裂纹中，冷裂纹的危害性最大。

4. 未焊透

未焊透指母材金属未熔化，焊缝金属没有进入接头根部的现象，见图5-5。

（1）产生未焊透的原因

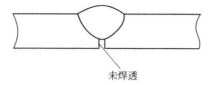

图 5-5　焊缝未焊透示意

① 焊接电流小，熔深浅。

② 坡口和间隙尺寸不合理，钝边太大。

③ 磁偏吹影响。

④ 焊条偏芯度太大。

⑤ 层间及焊根清理不良。

（2）未焊透的危害　未焊透的危害之一是减少了焊缝的有效截面积，使接头强度下降。未焊透引起的应力集中所造成的危害，比强度下降的危害大得多。未焊透严重降低焊缝的疲劳强度。未焊透可能成为裂纹源，是焊缝破坏的重要原因。

（3）未焊透的防止　使用较大电流来焊接是防止未焊透的基本方法。另外，焊角焊缝时，用交流代替直流以防止磁偏吹，合理设计坡口并加强清理，用短弧焊等措施也可有效防止未焊透的产生。

5. 未熔合

未熔合是指焊缝金属与母材金属，或焊缝金属之间未熔化结合在一起的缺陷。按其所在部位，未熔合可分为坡口未熔合、层间未熔合及根部未熔合三种，见图 5-6。

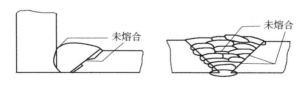

图 5-6　焊缝的未熔合示意

（1）产生未熔合缺陷的原因

① 焊接电流过小；

② 焊接速度过快；

③ 焊条角度不对；

④ 产生了弧偏吹现象；

⑤ 焊接处于下坡焊位置，母材未熔化时已被铁水覆盖；

⑥ 母材表面有污物或氧化物影响熔敷金属与母材间的熔化结合等。

（2）未熔合的危害　未熔合是一种面积型缺陷，坡口未熔合和根部未熔合对承载截面积的减小都非常明显，应力集中也比较严重，其危害性仅次于裂纹。

（3）未熔合的防止　采用较大的焊接电流，正确地进行施焊操作，注意坡口部位的清洁。

6. 其他缺陷

（1）焊缝化学成分或组织成分不符合要求　焊材与母材匹配不当，或焊接过程中元素烧损等，容易使焊缝金属的化学成分发生变化，或造成焊缝组织不符合要求。这可能带来焊缝的力学性能的下降，还会影响接头的耐蚀性能。

（2）过热和过烧　若焊接规范使用不当，热影响区长时间在高温下停留，会使晶粒变得粗大，即出现过热组织。若温度进一步升高，停留时间加长，可能使晶界发生氧化或局部熔化，出现过烧组织。过热可通过热处理来消除，而过烧是不可逆转的缺陷。

（3）白点　在焊缝金属的拉断面上出现的鱼目状的白色斑，即为白点。白点是由于氢聚集而造成的，危害极大。

第二节　焊接质量的检验方法

一、焊接质量检验方法分类

检验方法分类见图 5-7。

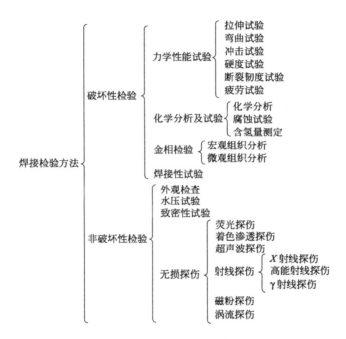

图 5-7　检验方法分类

二、外观目视检验和测量法

为确保焊接产品的质量要求，就要对焊接工作进行量化检验，用数据和结果来证明该项工作的合格与否，焊接检验尺检验法是焊缝外观质量的检验的最简便有效的方法，其内容有对焊缝进行余高、宽度、错边量、焊脚高度、角焊缝厚度、咬边深度、角度、间隙进行测量。焊缝目视检验的项目见表 5-1。

表 5-1　焊缝目视检验的项目

检验项目	检验部位	质量要求	备注
清理质量	所有焊缝及其边缘	无焊渣、飞溅及阻碍检验的附着物	

检验项目	检验部位	质量要求	备注
几何形状	焊缝与母材连接处	焊缝完整,不得有漏焊,连接处应圆滑过渡	可用焊接检验尺测量
	焊缝形状和尺寸急剧变化的部位	焊缝高低、宽窄及结晶焊波应均匀	
焊接缺陷	整条焊缝和热影响区附近	无裂纹、夹渣、焊瘤、烧穿等缺陷	接头部位易产生焊瘤、咬边等缺陷
	重点检查焊缝的接头部位、收弧部位、几何形状和尺寸突变部位	气孔、咬边应符合有关标准规定	收弧部位易产生弧坑、裂纹等缺陷
伤痕补焊	装配拉肋板部位	无缺肉及遗留焊疤	
	母材引弧部位	无表面气孔、裂纹夹渣、疏松等缺陷	
	母材机械划伤部位	划伤部位不应有明显棱角和沟槽,伤痕深度不超过有关标准规定	

目视检验应在焊接工作结束后,将工件表面的焊渣和飞溅清理干净,按表 5-1 所列的项目进行检验。

焊接件的目视检验主要是对焊缝进行检验,检验的过程贯穿于焊前、焊接过程中、焊后。一般要在其他检验方法进行前进行目视检验。

1. 焊缝目视检验的准备工作

在实施目视检验前,必须准备检验所用的基本设备和工具,如人工光源、反光镜、放大镜、90°角尺、焊缝检验尺等。同时清理被检焊件的表面,清除其表面的油漆、油污、焊接飞溅等妨碍表面检验的异物,检验区域通常包括 100% 可接近的暴露表面,包括整个焊缝表面和邻近的 25mm 宽的基体金属表面。

2. 选择检验方法

焊缝的目视检验是用眼睛直接观察和分辨缺陷。一般情况下,目视检验的距离约为 600mm，眼睛与被检工件表面所成的视角不小于 30°，见图 5-8。在检验过程中，可以采用适当照明、利用反光镜调节照射及观察角度、借助低倍放大镜观察，以提高眼睛发现缺陷和分辨缺陷的能力。

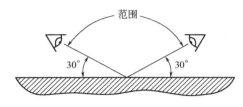

图 5-8　目视检验范围

对眼睛不能接近的焊缝必须借助望远镜、内孔管道等进行观察。借助的设备至少应具有目视检验效果相同的能力。

3. 焊接缺陷的目视检验操作

焊缝通常存在的缺陷有外观形状不合理、焊接过程中产生的缺陷等。检验焊缝外形不合理的缺陷时，常用焊接检验尺进行检测。

（1）焊接检验尺　其主要由主尺、滑尺、斜形尺三个零件组成，是用来测量焊接件坡口角度，焊缝宽度、高度，焊接间隙的一种专用量具。适用于焊接质量要求较高的产品和部件，如锅炉、压力容器等。采用不锈钢材料制造，结构合理、外形美观、使用便利、适用范围广，是焊工必备的测量工具。

（2）对接焊缝余高的测量　测量余高时，对每一条焊缝，将量规的一个脚置于基体金属上，另一个脚与余高的顶接触，则在滑尺上可读出余高的数值，如图 5-9 所示。

（3）宽度测量　先用主体测量角靠紧焊缝一边，然后旋转多用尺的测量角靠紧焊缝的另一边，读出焊缝宽度值（图 5-10）。

（4）错边量测量　错边量测量时，先用主尺靠紧焊缝一边，然后滑动高度尺使之与焊缝另一边接触，高度尺与焊件的另一边接触，高度尺示值即为错边量（图 5-11）。

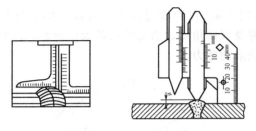

图 5-9　对接焊缝余高的两种测量方法

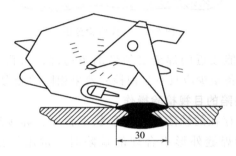

图 5-10　宽度测量方法

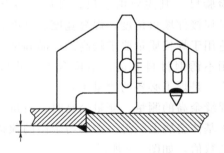

图 5-11　错边量测量方法

（5）焊脚高度测量　测量角焊缝的焊脚高度时，用尺的工作面靠紧焊件和焊缝，并滑动高度尺与焊件的另一边接触，高度尺示值即为焊脚高度（图 5-12）。

（6）角焊缝厚度测量　测量角焊缝厚度时，把主尺的工作面与

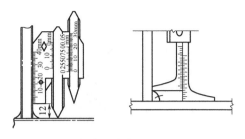

图 5-12　焊脚高度测量方法

焊件靠紧，并滑动高度尺与焊缝接触，高度示值即为角焊缝厚度
（图 5-13）。

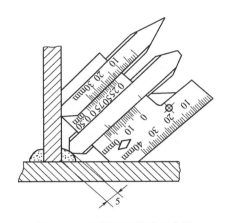

图 5-13　角焊缝厚度测量方法

（7）咬边深度测量　测量平面咬边深度时，先把高度对准零件
紧固螺栓，然后使用咬边深度尺测量咬边深度（图 5-14）。测量圆
弧面咬边深度时，先把咬边深度尺对准零件紧固螺栓，把三点测量
面接触在工件上（不要放在焊缝处），锁紧高度尺；然后将咬边深
度尺松开，将尺放于测量处，活动咬边深度尺，其示值即为咬边深
度（图 5-15）。

（8）角度测量　测量角度时，将主尺和多用尺分别靠紧被测角
的两个面，其示值即为角度值（图 5-16）。

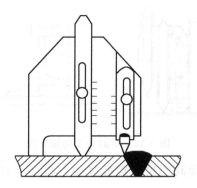

图 5-14　平面咬边深度测量方法

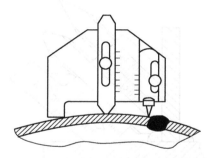

图 5-15　圆弧面咬边深度测量方法

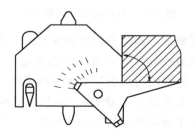

图 5-16　角度测量方法

（9）间隙测量 用多用途尺插入两焊件之间，测量两焊件的装配间隙（图 5-17）。

图 5-17 间隙测量方法

焊接过程造成的缺陷主要有表面气孔、表面裂纹、焊瘤、咬边、电弧击伤等。表面气孔一般呈球状，可群分布或均匀分布。表面裂纹可能是纵向的、横向的或星形的。表面气孔主要出现在焊缝表面或趾端，进行检测时，可利用直尺直接测量气孔的直径，或在放大镜的辅助下，用直尺测量气孔的大小。裂纹一般利用低倍放大镜进行观察。焊瘤通常直接用目视进行观察，可以通过测量焊缝金属的切线与基体金属之间的夹角来判断是否存在焊瘤缺陷：如果不存在焊瘤，切线与基体金属之间的夹角将等于或大于 90°；如果存在焊瘤，切线与基体金属之间的夹角将小于 90°，如图 5-18 所示。

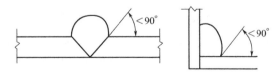

图 5-18 切线与基体金属之间的夹角

三、无损检验方法

1. 应用原理

常用的无损检验方法有目视检验、射线照相检验、超声检测、磁粉检测和渗透检测几种。其他无损检测方法有涡流检测、声发射检测、热像检测、红外检测、泄漏试验、交流场测量技术、漏磁检验、远场测试检测方法等。

无损检验是利用物质的声、光、磁和电等特性，在不损害或不影响被检测对象使用性能的前提下，检测被检对象中是否存在缺陷或不均匀性，给出缺陷大小、位置、性质和数量等信息。与破坏性检测相比，无损检验有以下特点：第一是具有非破坏性，因为在做检测时不会损害被检测对象的使用性能；第二是具有全面性，由于检测是非破坏性的，因此必要时可对被检测对象进行100％的全面检测，这是破坏性检验办不到的；第三是具有全程性，破坏性检测一般只适用于对原材料进行检测，如机械工程中普遍采用的拉伸、压缩、弯曲等，破坏性检验都是针对制造用原材料进行的，对于产成品和在用品，除非不准备让其继续服役，否则是不能进行破坏性检验的，而无损检验因不损害被检验对象的使用性能，不仅可对制造用原材料、各中间工艺环节直至最终产成品进行全程检测，也可对服役中的设备进行检测。

2. 分类

（1）超声检测　超声检测的基本原理是：利用超声波在界面（声阻抗不同的两种介质的结合面）处的反射和折射以及超声波在介质中传播过程中的衰减，由发射探头向被检件发射超声波，由接收探头接收从界面（缺陷或本底）处反射回来的超声波（反射法）或透过被检件后的透射波（透射法），以此检测是否存在缺陷，并对缺陷进行定位、定性与定量。超声检测主要应用于对金属板材、管材和棒材，铸件、锻件和焊缝，以及桥梁、房屋建筑等混凝土构件的检测。

（2）射线检测　射线检测的基本原理是：利用射线（X射线、γ射线和中子射线）在介质中传播时的衰减特性，当将强度均匀的射线从被检件的一面注入其中时，由于缺陷与被检件基体材料对射线的衰减特性不同，透过被检件后的射线强度将会不均匀，用胶片照相、荧光屏直接观测等方法在其对面检测透过被检件后的射线强度，即可判断被检件表面或内部是否存在缺陷（异质点）。

（3）磁粉检测　磁粉检测的基本原理是：由于缺陷与基体材料的磁特性（磁阻）不同，穿过基体的磁力线在缺陷处将产生弯曲并可能逸出基体表面，形成漏磁场。若缺陷漏磁场的强度足以吸附磁性颗粒，则将在缺陷对应处形成尺寸比缺陷本身更大、对比度也更高的磁痕，从而指示缺陷的存在。目前，磁粉检测主要应用于金属铸件、锻件和焊缝的检测。

（4）渗透检测　渗透检测的基本原理是：利用毛细管现象和渗透液对缺陷内壁的浸润作用，使渗透液进入缺陷中，多余的渗透液出去后，残留缺陷内的渗透液能吸附显像剂，从而形成对比度更高、尺寸放大的缺陷显像，有利于人眼的观测。目前，渗透检测主要应用于有色金属和黑色金属材料的铸件、锻件、焊接件、粉末冶金件，以及陶瓷、塑料和玻璃制品的检测。

（5）涡流检测　涡流检测的基本原理是：将交变磁场靠近导体（被检件）时，由于电磁感应在导体中将感生出密闭的环状电流，此即涡流，该涡流受激励磁场（电流强度、频率）、导体的电导率和磁导率、缺陷（性质、大小、位置等）等许多因素的影响，并反作用于原激发磁场，使其阻抗等特性参数发生改变，从而指示缺陷的存在与否。

（6）声发射检测　声发射检测的基本原理是：利用材料内部因局部能量的快速释放（缺陷扩展、应力松弛、摩擦、泄漏、磁畴壁运动等）而产生的弹性波，用声发射传感器级二次仪表取该弹性波，从而对试样的结构完整性进行检测。目前，声发射检测主要应用于锅炉、压力容器、焊缝等的裂纹检测，以及隧道、涵洞、桥梁、大坝、边坡、房屋建筑等的在役检（监）测。

（7）红外检测　红外检测的基本原理是：用红外点温仪、红外热像仪等设备，测取目标物体表面的红外辐射能，并将其转变为直观形象的温度场，通过观察该温度场的均匀与否，来推断目标物体表面或内部是否有缺陷。

（8）激光全息检测　激光全息检测是利用激光全息照相来检验物体表面和内部的缺陷。它是将物体表面和内部的缺陷，通过外部加载的方法，使其在相应的物体表面造成局部变形，用激光全息照相来观察和比较这种变形，然后判断出物体内部的缺陷。

3. 技术进展

进入 21 世纪以后，随着科学技术特别是计算机技术、数字化与图像识别技术、人工神经网络技术和机电一体化技术的发展，无损检验技术获得了快速发展。

在射线检测方面，射线成像和缺陷自动识别技术、射线计算机辅助成像技术（CR）、射线实时成像技术（DR）和射线断层扫描技术（CT）都获得了广泛的应用。检测集装箱的快速 X 射线实时成像系统，以 X 射线、γ 射线、直线加速器为射线源的各种工业 CT 装置已被广泛地应用到各个工业领域。微焦点 X 射线 CT 可以检测微米级的微小缺陷。

在超声检测方面，各种数字化超声波探伤仪广泛使用。TOFD 超声检测系统、超声成像检测系统、磁致伸缩超声导波检测系统、相控阵超声检测系统已经获得了广泛应用。在检测方法和应用技术研究方面，在自动化超声检测技术、超声成像检测技术、人工智能与机器人检测技术、TOFD 超声检测技术、超声导波检测技术、非接触超声技术、相控阵超声检测技术、激光超声检测技术等方面都取得了大量的研究成果。在管棒材和焊管自动化检测线使用的多通道超声波探伤仪，通道数可达 500 个，采样速率最高可达 240MHz。超声导波检测系统和磁致伸缩导波检测方法，已经用于带保温层工业管道和埋地管道腐蚀缺陷的长距离检测。

在电磁检测方面，常规涡流检测仪器全部实现数字化，并发展了阵列探头和多通道仪器，实现了数据转换和分析等先进电子与信息技术的应用。远场涡流、多频涡流、脉冲涡流和磁光/涡流成像检测技术都得到了成熟发展和应用。脉冲涡流检测技术用于带保温层钢质压力容器和管道腐蚀检测，最大可以穿透 150mm 厚的保温层。

漏磁检测技术已广泛用于大型常压储罐底板腐蚀检测、管道制造过程的在线检测、钢丝绳检测、石油钻杆检测和无保温层工业管道腐蚀检测等。磁记忆检测在电站锅炉、压力容器、压力管道、汽轮机、风力发电机和桥梁等的检验中已广泛应用。巴克豪森噪声技术在残余应力检测中的应用更加广泛。

在声发射检测方面，各种性能先进的多通道声发射仪不断涌现。在声发射信号分析和处理方面，包括常规参数分析、时差定位、关联图形分析、频谱分析、小波分析、模式识别、人工神经网络模式识别、模糊分析和灰色关联分析等都获得了应用。在我国有50多个检测机构常年从事压力容器的声发射检测。

微波检测和红外检测方面，也得到了很大发展。微波检测在湿度、温度、密度、固化度等检测中广泛应用，在胶接结构、复合材料、火箭推进剂等检测中也发挥了重要作用。红外检测在电力工业、石油化工、房屋建筑等领域得到了广泛应用。在金属力学试验、断裂力学和应力分析、印刷电路板故障分析和陶瓷工业等领域也开展了应用研究。压力容器红外热成像检测已正式纳入我国的特种设备安全监察法规体系。

在役检查是在用设备与结构安全监察的重要方法。在压力容器等特种设备、石油天然气管道、航空系统、铁道系统、土木工程与钢结构、核电站等领域已广泛开展，并取得了显著的成就。

在役结构可靠性评价理论和法规在国际上获得了一致认可。无损检验技术对在用设备与结构的可靠性评价发挥了重要的作用。

无损检验技术在应对气候变化，发展低碳经济、循环经济和绿色再制造产业中也正在起到不可替代的重要作用。

第六章

焊接安全管理

　　焊接操作不仅在特殊作业环境中进行，且加工对象内具有易燃、易爆、有毒等特殊危险性物质。焊接过程本身还会产生有毒气体、有害粉尘、弧光辐射、高频电磁场、噪声和射线等。因此，必须采取严密的安全管理措施，厂房、设备、工具和操作地点环境还必须有综合性的安全卫生防护措施，才能防止火灾、爆炸、中毒、触电、高处坠落和物体打击等工伤事故的发生。

第一节　焊接设备、设施安全管理

一、气瓶库安全管理

1. 压缩与液化气瓶库

　　气瓶库应为一层建筑，其耐火等级不低于二级（一般是指承重墙、柱、屋面均为非燃烧物质的建筑物）。

　　贮存气体的爆炸下限小于 10% 时，气瓶库房应设置泄压装置（易掀开的轻质屋顶盖，易于泄压的门、窗和墙等），其泄压面积与库房容积之比一般应达到 $0.1 \text{m}^2/\text{m}^3$。泄压装置应靠近爆炸部位，不得面对人员集中的地方和主要交通道路，作为泄压用的窗户不应采用双层玻璃。

　　气瓶库的门窗均应向外开启。库房应有直通室外或通过带防火门走道通向室外的出入口。出入口应位于事故发生时能迅速疏散的地方。

气瓶库与相邻的生产厂房，公用和居住建筑，以及铁路、公路之间的距离应符合表 6-1 的规定。

表 6-1　装有压缩或液化气体的气瓶仓库与建筑物的距离

仓库容量 （换算为 40L 的气瓶数）	距离对象	距离/m
≤500 瓶	装有其他气体的气瓶仓库及生产厂房	20
500～1500 瓶	装有其他气体的气瓶仓库及生产厂房	25
≥1500 瓶	装有其他气体的气瓶仓库及生产厂房	30
无论仓库容量多大	住宅	50
无论仓库容量多大	公共建筑物	100
无论仓库容量多大	铁路干线	50
无论仓库容量多大	场内铁路	10
无论仓库容量多大	公用公路	5
无论仓库容量多大	场内公路	5

库房温度不得超过 35℃，可燃易燃气瓶库严禁明火采暖。地板应采用不产生火花的材料（如沥青混凝土）铺设，库房高度自地板至垛口不得少于 7.5m。

气瓶仓库的最大容量应不超过 3000 瓶，并用耐火墙隔开若干小间，每间限贮存可燃气体 500 瓶，氧气及不燃气体 1000 瓶。两个小间的中间可开门洞，每间应有单独的出口。

互相接触后有可能引起燃烧爆炸的气瓶（如氢气、液化石油气瓶）及油质一类物品，不得与氧气瓶一起存放。如需在同一建筑物内存放时，应以无门、窗、洞的防火墙隔开。

存放可燃和易燃气体气瓶的库房，按照电力装置的火灾和爆炸危险物场所划分，属 0～2 级（即在正常情况下不能形成而在不正常情况下能形成爆炸性混合物的场所）。因此，安装于库内的照明灯具、开关等电气装置，应采用防爆安全型。

2. 乙炔瓶库

独立的乙炔瓶库与其他建筑物和屋外变、配电站之间的防火间距应不小于表 6-2 的规定。

表 6-2　独立的乙炔瓶库与其他建筑物和屋外变、配电站之间的防火间距

单位：m

独立乙炔库乙炔实瓶贮量/个	各类防火等级的其他建筑耐火等级			民用建筑及室外变、配电站
	一、二级	三级	四级	
≤1500	12	15	20	25
>1500	15	20	25	30

乙炔瓶库总贮量（实瓶与实瓶、空瓶贮量）不应超过 3000 个。并且应以防火墙分隔，每个隔间的气瓶贮量不应超过 1000 个。乙炔瓶库严禁明火采暖，集中采暖时其热管道和散热器表面温度不得超过 130℃，库房的采暖温度不高于 10℃。

当乙炔瓶与散热器之间的距离小于 1m 时，应采取隔热措施，设置遮热板以防止气瓶局部受热。遮热板与气瓶之间、遮热板与散热器之间的距离均不得小于 100mm。

乙炔瓶库可与氧气瓶库布置在同一座建筑物内，但应以无门、窗、孔、洞的防火墙隔开。

3. 电石库

根据贮存物品的火灾危险和爆炸性分类，电石库属甲类物品库（指存放时受到大气中水蒸气的作用，能产生爆炸下限小于 10% 的可燃气体的固体物体），它在厂区的布置应符合下列安全要求：

（1）电石库应是单层的一、二级耐火建筑库房，应设置泄压装置（易掀开的轻质房顶，易于泄压的门、窗和墙等），其泄压面积与库房容积之比一般应达到 $0.14m^2/m^3$，如配置有困难时可适当缩小，但不应低于 $0.1m^2/m^3$。泄压装置应靠近易爆炸部位，不得面对人员集中的地方和主要交通道路，作为泄压的门窗不应采用双层玻璃。

电石库的门窗均应向外开启，库房应有直通室外或通过带防火门的走道通向室外的出入口，出入口应位于事故发生时能迅速疏散的地方。

（2）电石库房严禁铺设给水、排水、蒸汽和凝结等管道。

（3）电石库应设置电石桶的装卸平台，平台应高出室外地面0.4～1.1m，宽度不宜小于2m。库房内电石桶应放置在比地坪高0.02m的垫板上。

（4）装设于库房的照明灯具、开关等电气装置，应采用防爆安全型；或者将灯具和开关装在室外，用反射方法把灯光从玻璃窗射入室内。库内严禁安装采暖设备。

（5）电石库应备有干沙、二氧化碳灭火器或干粉灭火器等灭火器材。

（6）电石库房的总面积不应超过750m²，并应用防火墙隔成数间，每间的面积不应超过250m²。

电石库与其他建、构筑物的防火间距应不小于表6-3的规定。

表 6-3　电石库与其他建、构筑物之间的防火间距

名称		防火间距/m	
		电石贮量≤10t	电石贮量>10t
明火、散发火花的地点		30	30
居民、公共建筑		25	30
其他建筑耐火等级	一、二级	13	15
	三级	15	20
	四级	20	25
室外变、配电站		30	30
其他甲类库房		20	20

二、焊接设备安全管理

焊接设备包括焊接能源设备、焊接机头和焊接控制系统。

① 焊接能源设备用于提供焊接所需的能量。常用的是各种弧焊电源，也称焊机。它的空载电压为60～100V，工作电压为25～45V，输出电流为50～1000A。手工电弧焊时，弧长常发生变化，引起焊接电压变化。为使焊接电流稳定，所用弧焊电源的外特性应

是陡降的，即随着输出电压的变化，输出电流的变化应很小。熔化极气体保护电弧焊和埋弧焊可采用平特性电源，它输出的电压在电流变化时变化很小。弧焊电源一般有弧焊变压器、直流弧焊发电机和弧焊整流器。弧焊变压器提供的是交流电，应用较广。直流弧焊发电机提供直流电，制造较复杂，消耗材料较多且效率较低，有逐渐被弧焊整流器取代的趋势。

② 焊接机头的作用是将焊接能源设备输出的能量转换成焊接热，并不断送进焊接材料，同时机头自身向前移动，实现焊接。手工电弧焊随电焊条的熔化，需不断用焊钳向下送进焊条，并向前移动形成焊缝。自动焊机有自动送进焊丝机构，并有机头行走机构使机头向前移动，常用的有小车式和悬挂式机头两种。电阻点焊和凸焊的焊接机头是电极及其加压机构，用以对工件施加压力和通电。缝焊另有传动机构，以带动工件移动。对焊时需要有静、动夹具和夹具夹紧机构，以及移动夹具。

③ 焊接控制系统的作用是控制整个焊接过程，包括焊接控制程序和焊接规范参数。一般的交流弧焊机没有控制系统，高效或精密焊机用电子电路、数字电路和微型计算机控制。

1. 焊机保护性接地（零）安全技术条件

① 所有交流、旋转式直流电焊机和焊接整流器的内外壳，均必须装设保护性接地或接零装置。

② 焊机的接地装置可用铜棒或无缝钢管作接地极打入地里，深度不小于 $1m$，接地电阻小于 4Ω。

③ 焊机的接地装置可以广泛利用自然接地极。如铺设于地下的属于本单位独立系统的自来水管或与大地有可靠连接的建筑物的金属结构等。但氧气和乙炔管道以及其他可燃易燃用品的容器和管道，严禁作为自然接地。

④ 自然接地电阻超过 4Ω 时，应采用人工接地。

⑤ 弧变压器的二次线圈与焊件相接的一端也必须接地（或接零）。但二次线圈一端接地或接零时，则焊件不应接地（或接零）。

⑥ 凡是在有接地或接零装置的焊件（如机床的部件）上进行

焊接时应将焊件的接地线（或接零线）暂时拆除，焊完后方可恢复。在焊接与大地紧密相连的焊件（如自来水管、房屋的金属立柱等）时，如果焊件的接地电阻小于 4Ω，则应将焊机二次线圈一端的接地线或接零线暂时解开，焊完后再恢复。总之，变压器二次端与焊件不应同时存在接地或接零装置。

⑦ 用于焊机接地或接零的导线，应当符合下列安全要求。

a. 要有足够的截面积。接地线截面积一般为相线截面积的 $1/3\sim1/2$，接零线截面的大小，应保证其容量（短路电流）大于离焊机最近处的熔断器额定电流的 2.5 倍，或者大于相应的自动开关跳闸电流的 1.2 倍。采用铝线、铜线和钢丝的最小截面，分别不得小于 6.4mm^2、12mm^2 和 2.5mm^2。

b. 接地或接零线必须用整根的，中间不得有接头。与焊机及接地体的连接必须牢靠，应用螺栓拧紧。在有振动的地方，应当用弹簧垫圈、防松螺帽等防松动措施。固定安装的焊机，上述连接应采用焊接。

⑧ 所有电焊设备的接地（或接零）线，不得串联接入接地体或零线干线。

⑨ 连接接地或接零线时，应当首先将导线接到接地体上或零线干线上，然后将另一端接到焊接设备外壳上；拆除接地或接零线的顺序则恰好与上述相反，应先将接地（或接零）线从焊接设备外壳上拆下，然后再解除与接地体或零线干线的连接，不得颠倒顺序。

2. 焊机空载自动断电保护装置

① 焊机一般都应该装设空载自动断电保护装置；在高空、水下、容器管道内或局限性空间等处的电焊作业，焊机必须安装空载自动断电装置。

② 为达到安全与节电目的，焊机空载自动断电装置应满足以下基本要求：对焊机引弧无明显影响；保证焊机空载电压在安全电压以下；装置的最短断电延时为 $1.0\text{s}\pm0.3\text{s}$；降低空载损耗不低于 90%。

3. 焊机的使用安全要求

（1）不允许在高湿度（相对湿度超过 90%），高温度（周围环境温度超过 40℃），周围存在有害气体，有易燃易爆物品，以及水蒸气、盐雾、灰尘等场合工作，并应有防雨和通风设施。

（2）焊机外壳必须可靠接地和接零保护，不可多台焊机串联接地保护或接零保护。

（3）通电使用前必须检查焊机初级绕组的额定电压是否与电源电压一致，检查接线端子板的接线是否正确，连接是否紧固可靠。

（4）一次和二次接线采用接线端子连接，应牢固，否则会烧坏接线板；一次和二次接线端子应装有防护罩，以防触电。

（5）多台焊机同时使用时，应分别接在三相电源上，尽量使三相负载平衡。

（6）焊机二次焊接用电缆俗称把子线，应使用橡皮铜芯软电缆，并选择合适的导线截面积，长度一般不超过 30m。

（7）室外作业要防止雨水侵入浸泡焊机。

（8）启用新焊机或长期停用的焊机，应按规定进行绝缘测量，其一次接线端子对二次接线端子及外壳绝缘电阻不应低于 0.5MΩ。

（9）焊机二次侧把子线不得接地或接零，地线也只能一点接地，以防止部分焊接电流经其他导体构成回路。

（10）焊机一次侧电源必须选用合适的漏电保护装置。

（11）焊机停用或移动时必须切断电源。

（12）焊接现场不允许堆放易燃易爆物品，必须备有消防设备和消防器材。

三、气瓶储存使用及消防安全管理

（1）新投入使用的气瓶必须符合国家安全标准，检验合格（有检验合格证），严禁贮存充装压力超过气瓶设计压力的气瓶。

（2）气瓶与其他危险化学物品不得任意混放，间隔距离不小于 10m。

（3）有毒气的气瓶或所装介质互相接触后能引起燃烧爆炸的气

瓶，必须分室贮存（如氢与氧、氢与氯等气瓶）。

（4）易于发生聚合反应的气体气瓶，如乙炔、乙烯等气瓶，必须规定贮存期限，平时应执行先进先出的制度，避免久贮。气瓶使用后应留有剩压，以防第二次充装时因无压而渗入杂质，引起事故。

（5）气瓶入库一律不准用电磁起重机搬运；搬运进库及堆放时，不得敲击、碰撞、抛掷、滚拉，更不准将瓶阀对着人身。

（6）进库气瓶应旋紧瓶帽，气瓶应套上两个防震圈，否则不得在地面滚动；乙炔气瓶绝不准在地面滚动。氧气瓶嘴、瓶身严禁沾染油垢，如有油渍应立即抹干净，否则不得入库。

（7）气瓶仓库应阴凉，通风良好，库内不得有热源、明火。满装气瓶不得受日光暴晒，也不宜受风吹雨淋，库温超过35℃时应有降温措施（如冷水喷淋），早、晚开库门、窗通风降温。

（8）气瓶仓库地坪宜为不发火地面，应平整。

（9）气瓶应平卧放置，顺向一个方向，留有通道，妥善固定。堆放不应超过五层，并有防止滚动的措施。有固定框架的气瓶可立放，但不应倒置。

（10）退库的空瓶不得全部放空，应留有余压；余压应为 $2kgf/cm^2$ 左右，不得低于 $0.5kgf/cm^2$。退库空瓶应逐一检查瓶阀，旋紧后，再旋上瓶帽，方可入库。

（11）气瓶应按规定漆色、标明字样和色环、附件齐全（瓶阀、瓶帽、胶护圈）、不超过检验期限（检验合格证），否则不予接收入库。

（12）发现有漏气部位，应将瓶移出库外，并及时堵漏处理。

（13）库内照明应采用防爆灯具，严禁使用明火或非防爆灯。

（14）搬运气瓶时，操作人员的工作服、手套、装卸工具上不应有油污。

（15）灭火时应站在上风处，可用水冷却钢瓶，也可用干粉灭火器灭火。

（16）气瓶应建档，并按规定进行管理，发现异常情况及时报告，及时处理。

（17）氧气、乙炔瓶的使用，必须由合格的焊工严格按安全操作规程进行。

第二节 焊割安全组织管理

一、焊割作业的安全准备与作业原则

焊接、切割是工业企业常见的一种生产手段，属于特殊工种作业。在作业中，如果操作者思想麻痹，缺乏必要的知识或违反动火安全规定，就会导致火灾、爆炸事故。

1. 焊割作业前的安全准备工作

（1）不论焊接、切割作业工程大小，作业前都必须做好准备工作：做好焊割作业现场的安全检查，清除各种可燃物，预防焊割火星飞溅而引起火灾事故。尤其是临时确定的焊割场地，更应彻底检查，并要划定焊割作业区域，必要时在作业现场拉好安全绳。可燃物与焊割作业的安全间距一般应不小于 10m，但具体情况要具体对待，如风力的大小、风向的不同、作业的部位、焊接还是切割等。

（2）焊割应在安全地带进行，对确实无法拆卸的焊割件，应把焊割的部位与其他易燃易爆物品严密隔开。对可燃气体的容器、管道进行焊割时，一定要把残存在里面的可燃气体用二氧化碳、氮气等置换出来。对贮存易燃液体的设备和管道要先用水蒸气等进行清洗，铲除污物。作业前，应采用"一问二看三嗅四测爆"的检查方法，绝不能盲目操作。现场的危险物品要移走。被焊割的设备，作业前必须卸压，开启全部人孔、阀门等。在有易燃易爆物品的地方作业时，应进行通风，待易燃易爆气体排完后再进行焊割。在操作时还要提高湿度，进行多方面的冷却，同时要备好灭火器材和进行必要的技术测定等。

（3）在临时确定的焊割场所，要选择适当位置安放乙炔发生器、氧气瓶或电弧焊设备，这些设备与焊割作业现场应保持一定的安全距离，在乙炔发生器和焊机旁应设立"火不可近""防止触电"等明显标志，并设好安全绳，防止无关人员接近这些设备。电弧焊接的导线应铺设在没有可燃物质的通道上。从事焊割作业的工人，必须穿好工作服。在冬季，御寒的棉衣必须缝好，棉絮不能外露，以防遇到火星阴燃起火。对焊割工程较大、环境比较复杂的临时焊割场所，要与有关部门一起制订安全操作实施方案，做到定人、定点、定措施，落实岗位安全责任制。

2. 焊接作业的通风防火标准

焊接作业还要注意通风及防火，其标准如下：

（1）焊接作业的通风应根据焊接作业环境、焊接工作量、焊条（剂）种类、作业分散程度等情况，采取不同通风排烟尘措施或采用各种送气面罩，以保证焊工作业点的空气质量符合有关规定。要避免焊接烟尘气流经过焊工的呼吸带。当焊工作业室内高度低于3.5～4m或每个焊工工作空间小于 200m³，工作间内部结构影响空气流动，而使焊接工作点的烟尘及有害气体浓度超过相关规定时，应采取全面通风换气。

（2）焊接切割时产生的有害烟尘的浓度，应符合车间最高允许浓度规定。采用局部通风或小型通风机组等换气方式，其罩口风量、风速应根据罩口至焊接作业点的控制距离及控制风速计算。罩口的控制风速应大于 0.5m/s，并使罩口尽可能接近作业点，使用固定罩口时的控制风速不小于 1～2m/s，罩口的形式应结合焊接作业点的特点选用。在狭窄、局部空间内焊接、切割时，应采取局部通风换气。应防止焊接空间积聚有害或窒息气体，同时还应有专人负责监护工作。焊接、切割等工作，如遇到粉尘和有害烟气又无法采用局部通风措施时，应采用送风呼吸器。选用低噪声通风除尘设施，保证工作地点环境机械噪声值不超过 85dB。

（3）焊工在焊接、切割中应严格遵守企业规定的防火安全管理制度。根据焊接现场环境条件，分别采取以下措施：在企业规定的禁火区内，不准焊接。需要焊接时，必须把工作移到指定的动火区内或在安全区内进行。可燃、易燃物料与焊接作业点火源距离不应小于 10m。焊接、切割作业时，如附近墙体和地面上留有孔、洞、缝隙以及运输皮带连通孔口等部位留有孔洞，都应采取封闭或屏蔽措施。

3. "十不焊割"原则

焊工应遵守"十不焊割"原则。日常作业中，有下列情况之一的，焊工有权拒绝焊割，企业都应支持，不得强迫工人违章作业。

（1）焊工没有操作证，又没有正式焊工在现场进行技术指导时不能进行焊割作业；

（2）凡属一级、二级、三级动火范围的焊割，未办理动火审批手续，不得擅自进行焊割；

（3）焊工不了解焊割现场周围的情况，不能盲目焊割；

（4）焊工不了解焊割件内部是否安全时不能焊割；

（5）盛装过可燃气体、易燃液体、有毒物质的各种容器，未经彻底清洗之前，以及大型油罐、气柜经清洗后未进行气体测爆，或测爆后已间隔了 2h 以上时，不能焊割；

（6）用可燃材料（如塑料、软木、玻璃钢、聚丙烯薄膜、稻草、沥青等）做保温、冷却、隔音、隔热的部位，火星能飞溅到的地方，在未经采取切实可靠的安全措施之前，不能焊割；

（7）有压力或密封的容器、管道不得焊割；

（8）焊割部位附近堆有易燃易爆物品，在未彻底清理或未采取有效的安全措施前不能焊割；

（9）与外单位相接触的部位，在没有弄清外单位有无影响，或明知存在危险性又未采取切实有效的安全措施之前，不能焊割；

（10）焊割场所与附近其他工种互相有抵触时不能焊割。

二、焊接生产车间的组成

1. 焊接生产车间

焊接生产车间一般由生产部门、辅助部门和行政管理部门及生活间等组成。

（1）生产部门　包括备料加工工段、装配工段、焊接工段、检验试验工段和油漆包装工段等。

（2）辅助部门　包括车间金属材料库、零件仓库、半成品或中间仓库、焊接材料库或贮存室、备品及辅助材料库、修理间等。

（3）行政管理部门及生活间　包括车间办公室、技术科、会议室、资料室、更衣室、盥洗室、休息室等。

2. 车间工艺平面布置

车间工艺平面布置，就是将上述各个生产工段、作业线、辅助生产用房及生活间等按照它们的作用和相互关系进行配置。

（1）车间工艺平面布置的主要原则

① 合理布置封闭车间内各工段与设备的相互位置，应使运输路线最短，没有倒流现象。

② 散发有害物质、产生噪声的地方和有防火要求的工段、作业区，应布置在靠外墙的一边并尽可能隔离。

③ 主要部件的装配、焊接生产线的布置，应使部件能经最短的路线运到装配地点。

④ 应根据生产方式划分成专业化的工段和小组。

⑤ 辅助部门应布置在总生产流水线的一边，即在边跨内。

（2）焊接结构车间布置方式

① 纵向生产线方向。这种方式是通用的，即车间内生产线的方向与工厂总平面图上所规定的方向一致，或者是产品生产流动方向与车间长度方向相同。

② 混合向生产线方向。适于大型复杂部件的大批、大量生产。

③ 纵向-横向生产线方向。适于对大型复杂件的单件、小批生产时使用。

④ 波浪式生产线方向。适于较复杂产品的单件和成批生产。

⑤ 迂回生产线方向。成批或大量生产同一型号的简单产品并采用水平封闭的输送装置时，采用这种方式是比较有利的。

三、焊接过程安全管理

1. 通用安全控制措施

（1）焊工施焊前经过 HSE 培训合格，持证上岗。焊工作业时必须穿戴安全防护用品，工作服、帽、面罩、手套等保持干燥，面罩不漏光，纽扣要扣齐，鞋盖捆在裤筒里，上衣不得束在裤腰里，防止接触飞溅的焊渣。

（2）焊机一次接线由专业电工拆装，二次接线由焊工操作。

（3）焊机壳采取接地或接零保护措施。

（4）二次接线焊接电缆的绝缘必须良好，焊工在潮湿地点焊接时，作业地点采用绝缘垫板与焊件进行隔离绝缘。

（5）移动、检修焊机和更换熔丝时，必须切断电源。推拉闸刀开关时，戴绝缘手套，同时头部要偏斜，防止弧光伤人。移动把线时，任何人不得在其首尾相接的危险圈内，防止把线受力伤人。

（6）罐内作业时，照明用电按规定架设、敷设电线，电气设施应有良好的防雨、防潮措施；进入罐内人员必须戴安全帽。罐内照明采用不超过 12V 的安全电压，潮湿场所安全电压不超过 6V。进罐的照明电缆、焊接电缆应与罐有良好的绝缘措施，并安排专人经常检查。

（7）改革工艺和改进焊接材料

① 生产工艺的优化选择。不同的焊接工艺产生的污染物种类和数量有很大的区别。条件允许的情况下，应选用成熟的引弧焊代替明弧焊，可大大降低污染物的污染。

② 材料和设备的选择。在生产工艺确定的前提下，应选用机械化、自动化程度高的设备。应采用低尘低毒焊条、低害焊剂、低害钎料和钎剂等；氩弧焊和等离子弧焊时不用钍钨棒，改用放射性较低的铈钨或钇钨电极；氩弧焊引弧及稳弧措施，尽量采用脉冲装置，而不用高频振荡装置；在保证焊接质量的前提下，合理选用工艺参数可降低噪声。

③ 提高操作者技术水平。高水平的焊接工人在焊接过程中能

够熟练、灵活地执行操作规章，并根据具体情况做出相应的技术调整。

④ 努力采用和开发安全、卫生性能好的焊接技术。提倡在焊接结构设计、焊接材料、焊接设备和焊接工艺等各个环节中，采用和开发安全、卫生性能好的焊接技术。

（8）防火、防电和防爆。重点是防止氧气、乙炔瓶爆炸，以及焊补易燃容器、管道时引起的火灾和爆炸事故。防止电击的措施有：焊接电源应有接地线；操作时应注意电缆、焊钳和工作鞋等绝缘的可靠性；避免在潮湿的环境下作业。

2. 电焊作业安全技术控制措施

① 使用前，应检查并确认初、次极线接线正确，输入电压符合焊机的铭牌规定。接通电源后，严禁接触初级线路的带电部分。

② 次级抽头连接铜板应压紧接线柱的垫圈。合闸前，应详细检查接线螺帽、螺栓及其他部件，并确认齐全、无松动或损坏。

③ 多台焊机集中使用时，应分接在三相电源网络上，使三相负载平衡。多台焊机的接地装置应分别由接地处引接，不得串联。焊机必须有独立的专用电源开关，禁止多台焊机共用一个电源开关。

④ 移动焊机时，应切断电源，不得用拖拉电缆的方法移动焊机。当焊接中突然停电时，应立即切断电源。在推拉电源闸刀时，应先关闭焊机。

⑤ 焊接电缆应外皮完整、绝缘良好，应使用整根导线。交流弧焊机一次电源线长度应不大于 5m，焊机二次电缆长度应不大于 30m。

a. 焊机外壳必须有良好的接零或接地保护，同时要加装符合场所要求的漏电保护器，电源的装拆应由电工进行。焊机的一次与二次绕组之间，绕组与铁芯之间，绕组、引线与外壳之间，绝缘电阻均不得低于 0.5MΩ。焊机外露的带电部分应有良好的防护装置。

b. 焊机接地及电焊工作回线都不准在易燃、易爆的物品上，也不准接在管道和机床设备上。工作回线应绝缘良好。

c. 焊机应放在防雨和通风良好的地方，在焊接现场不准堆放易燃、易爆物品，使用焊机必须按规定穿戴防护用品。

d. 焊钳与把线必须绝缘良好、连接牢固，更换焊条应戴手套。在潮湿地点工作时，应站在绝缘胶板或木板上。

e. 焊接带电的设备必须先切断设备电源。

f. 严禁在带压力的容器或管道上施焊。严禁从气瓶上引弧。

g. 焊接贮存过易燃、易爆、有毒物品的容器或管道，必须先清除干净，并将所有孔打开。

⑥ 在密闭金属容器内施焊时，容器必须可靠接地，通风良好，并应有人监护。严禁向容器内输入氧气。

⑦ 焊接预热工作中，应采取隔热措施。不可将电缆放在焊接电弧附近或炽热的焊件上。

⑧ 在容器内施焊时，必须配置可靠的通风设备，焊接铝、黄铜等有色金属时，产生的有毒气体多，应佩戴口罩，以防止中毒。

⑨ 必须靠近可燃、易爆物质焊接时，可燃、易爆物质距作业点火源应小于5m，并且应用防火材料遮盖。

⑩ 高处作业应系安全带，并采取防护措施，地面应有人监护。

a. 必须放置平稳、牢固焊件后才能施焊，不准在天车吊起或叉车铲起的工件上施焊。

b. 电焊、气焊均为特种作业，焊工应身体健康，并经专业安全技术学习、训练和考试合格，取得特殊工种操作证后，方能独立操作。

3. 气焊与气割安全技术控制措施

(1) 气瓶的使用、运输和保管

① 气瓶应每三年检验一次，盛装惰性气体的气瓶应每五年检验一次。

② 气瓶瓶阀及管接头处不得漏气。应经常检查丝堵和角阀螺纹的磨损及锈蚀情况，发现损坏应立即更换。

③ 气瓶上必须装两道防震圈。

④ 不得将气瓶与带电物体接触。氧气瓶不得沾染油脂。气瓶瓶阀严禁沾有油脂。

⑤ 氧气瓶与减压器的连接头发生自燃时应迅速关闭氧气瓶的阀门。

⑥ 瓶阀冻结时严禁用火烤，可用浸 40℃ 热水的棉布盖上使其缓慢解冻。

⑦ 严禁直接使用不装减压器的气瓶或装设不合格减压器的气瓶。乙炔气瓶必须装设专用的减压器、回火防止器。

⑧ 严禁铜、银、汞等及其制品与乙炔接触；必须使用铜合金器具时，合金的含铜量应低于 70%。

（2）乙炔气瓶的使用压力不得超过 0.147MPa，输气流速不得大于 1.5～2.0(m³/h)。

（3）乙炔气瓶和氧气瓶均应距离明火 10m 以上；乙炔气瓶与氧气瓶之间的距离应在 5m 以上。

（4）在通风不良的地点或在容器内作业时，焊割炬应先在外面点好火。

（5）气瓶内的气体不得用尽。氧气瓶必须留有 0.2MPa 的剩余压力。空、满气瓶应分别存放。

（6）检查设备、附件及管路是否漏气时，只准用肥皂水试验。试验时，周围不准有明火。严禁用火试验漏气。

（7）乙炔气瓶运输和使用时应直立放置，不得卧放。

（8）在使用乙炔气瓶的现场，贮存量不得超过 5 瓶。超过 5 瓶但不超过 20 瓶时，应在现场或车间内用非燃烧体墙隔开或放在单独的贮存间。超过 20 瓶时，应设置乙炔气瓶库。

（9）气瓶的存放与保管

① 气瓶应存放在通风良好的场所，夏季应防止日光暴晒。

② 严禁将气瓶和易燃物、易爆物混放在一起。

③ 乙炔气瓶、液化石油气瓶应保持直立，并应有防止倾倒的措施。

④ 严禁将气瓶靠近热源。

⑤ 氧气瓶在使用、运输和贮存时，环境温度不得高于 60℃；乙炔气瓶在使用、运输和贮存时，环境温度不得高于 40℃。

⑥ 严禁将乙炔气瓶放置在有放射性射线的场所，亦不得放在橡胶等绝缘体上。

（10）气瓶的搬运

① 气瓶搬运前应旋紧瓶帽。应轻装轻卸，严禁采用抛、滚、滑的方法及用行车或吊车运氧气瓶。禁止人工肩扛手抬搬运气瓶。

② 汽车搬运氧气瓶及液化石油气瓶时，一般应将气瓶横向排放，头部朝向同一侧，装车高度不得超过车厢高度。

③ 汽车装运乙炔气瓶时，应直立放置，车厢高度不得小于瓶高的 2/3。

④ 运输气瓶的车上严禁烟火。运输乙炔气瓶的车上应备有相应的灭火器具。

⑤ 易燃物、油脂和带油污的物品与气瓶严禁同车运输。

⑥ 所装气体混合后能引起燃烧、爆炸的气瓶严禁同车运输。

⑦ 运输气瓶的车厢中不得乘坐人。

（11）气瓶库的建立

① 气瓶库内不得有地沟、暗道；严禁明火或其他热源；应通风、干燥，避免阳光直射。

② 气瓶库必须在明显、方便的地点设置灭火器具，并定期检查，确保处于良好状态。

③ 气瓶库内必须设专人管理，并建立安全管理制度。工作人员必须熟悉设备性能和操作维护规程。

④ 氧气瓶、乙炔气瓶及液化石油气瓶贮存库周围 10m 范围内严禁烟火，并严禁堆放可燃物。

4. 减压器及其使用

（1）减压器应符合下列要求：

① 新减压器有出厂合格证；

② 外套螺母的螺纹完好，使用纤维质垫圈（不得使用皮垫或胶垫）；

③ 高、低压表有效，指针灵活；

④ 安全阀完好、可靠。

（2）减压器（特别是接头的螺帽、螺杆）严禁沾染油脂，不得沾有砂粒或金属屑。

（3）减压器螺母在气瓶上的拧扣数不少于 5 扣。

（4）减压器冻结时严禁用火烘烤，只能用热水、蒸汽解冻或自然解冻。

（5）减压器损坏、漏气或有其他故障时，应立即停止使用，进行检修。

（6）装卸减压器或因连接头漏气紧螺帽时，操作人员严禁戴沾有油污的手套和使用沾有油污的扳手。

（7）安装减压器前，应稍打开瓶阀，将瓶阀上黏附的污垢吹净后立即关闭。吹灰时，操作人员应站在侧面。

（8）减压器装好后，操作者应站在瓶阀的侧后面将调节螺钉拧松，缓慢开启气瓶瓶阀。停止作业时，应先关闭气瓶阀门，拧松减压器调节螺钉，放出软管中的余气，最后卸下减压器。

5. 乙炔瓶、氧气瓶及液化石油气瓶橡胶软管的使用

（1）橡胶软管应按下列规定着色：

① 氧气管为红色；

② 乙炔管为黑色；

③ 液化石油气管为橘黄色。

（2）若乙炔管脱落、破裂或着火时，应先将火焰熄灭，然后停止供气。氧气管着火时，应先将供气阀门关闭，停止供气后再处理着火胶管，不得使用弯折软管的处理方法。

（3）不得使用鼓包、有裂纹或漏气的橡胶软管。如发现有漏气现象，应先将其损坏部分切除，不得用贴补或包缠的办法处理。

（4）氧气管、乙炔管严禁沾染油脂。

（5）氧气管或乙炔管严禁串通连接或互换使用。

（6）严禁把氧气管或乙炔管放置在高温、高压管道附近或触及赤热物体。不得将重物压在软管上，应防止金属熔渣掉落在软管上。

（7）氧气、乙炔及液化石油气管横穿平台或通道时应架高布设或采取防压保护措施；严禁与电线、电焊线并行敷设或交织在一起。

（8）橡胶软管的接头应用特制的卡子卡紧，软管的中间接头应用气管接头连接并扎紧。

（9）乙炔、液化石油气管堵塞或冻结时，严禁用氧气吹通或用火烘烤。

◆ 参考文献 ◆

［1］ GB/T 229—2007 金属材料夏比摆锤冲击试验方法.

［2］ GB/T 232—2010 金属材料 弯曲试验方法.

［3］ GB/T 15169—2003 钢熔化焊焊工技能评定.

［4］ JB/T 4730 承压设备无损检验.

［5］ GB 150—2011 压力容器.

［6］ GB/T 5117—2012 非合金钢及细晶粒钢焊条.

［7］ GB/T 983—2012 不锈钢焊条.

［8］ GB/T 5118—2012 热强钢焊条.

［9］ GB/T 14957—1994 熔化钢用焊丝.

［10］ 崔政斌，郭继承 . 焊接安全技术 . 第 2 版 . 北京：化学工业出版社，2009.

［11］ 崔政斌，石跃武 . 用电安全技术 . 第 2 版 . 北京：化学工业出版社，2009.